AMEL LARIANI

DIGITAL LEADERSHIT!

Die innere Haltung führt zur Wirkung

ANGEWANDTE PSYCHOLOGIE

Ein illustrierter Selbstcoaching-Guide für Führungskräfte

ISBN 978-3-00-062878-8

Selbstverlag – Embodymentguide, Maximinstraße 31, 54292 Trier
Buchsatz und Umschlaggestaltung: Veronika Caspers
Lektorat: Ellen Erler
Illustrationen: Hannah Marc
Bildrechte: Amel Lariani
Druck und Bindung: Scandinavianbook c/o Druckhaus Nord GmbH
Rudolf-Diesel-Str. 10, 91413 Neustadt a. d. Aisch

INHALT

VORWORT

„Die einzige Konstante im Universum ist die Veränderung“ (Heraklit)

Demografischer Wandel, Globalisierung, Klimaänderung, Technisierung und Digitalisierung stellen Politik und Gesellschaft vor große Herausforderungen. In diesem Spannungsfeld des Wandels wird auch die Führung eines Unternehmens und seinen Mitarbeitern erfasst. Im Wettbewerb um die richtigen Mitarbeiter und geeigneten Führungskräfte werden neue Konzepte gesucht. Der gesellschaftliche Megatrend „Individualisierung“ macht auch vor der Arbeitswelt nicht Halt. Die Wünsche und Ziele der Menschen sind heute ausgeprägter und differenzierter als früher. In ihrer Lebensplanung streben Mitarbeiter verstärkt nach mehr Selbst- statt Fremdbestimmung. Dies führt zu flexibleren Arbeitsverhältnissen sowie anderen Ansprüchen an die Arbeit und an die Führung.

Im Wettbewerb um die richtigen Mitarbeiter stellen sich Unternehmen und Führungskräfte verstärkt die Frage, was zu berücksichtigen ist, damit sich Mitarbeiter für sie entscheiden. Führungskompetenzen sind unverzichtbar, wenn es um die Motivation und die Leistungsbereitschaft der Mitarbeiter geht. Das macht sich auch im Unternehmenserfolg bemerkbar. Der alleinige Blick auf Kostenkontrolle, Umsatz- und Gewinnwachstum reicht schon lange nicht mehr aus. Der direkte Vorgesetzte nimmt eine Schlüsselrolle beim nachhaltigen Engagement ein und dafür ist das Beherrschen der Soft Skills essentiell.

In ihrem Buch stellt Frau Lariani heraus, welche Anforderungen heute an die Führungskraft gestellt werden und welche Einflussfaktoren von einer Führungskraft zu berücksichtigen sind. Eine zentrale Rolle spielt dabei die wertschätzende Unternehmenskultur und Kommunikation mit den Mitarbeitern. In Zeiten der Digitalisierung und künstlicher Intelligenz spielt der Mensch im Unternehmen eine immer wichtigere Rolle. Neue Ideen, Produkte und Dienstleistungen, die den Unternehmen einen Wettbewerbsvorteil verschaffen, verlangen ein Umfeld, wo anders gedacht werden darf, wo der Freiraum für kreatives und schöpferisches Denken geboten wird und auch bestehende Regeln in Frage gestellt werden dürfen.

Hans-Jürgen Friedrich ist Gründer und Vorstandsvorsitzender der KFM Deutsche Mittelstand AG und Initiator des Deutschen Mittelstandsanleihen FONDS.

Wir verändern uns nicht durch Wissen, sondern über Erfahrung und emotionalisierendes Erleben. (Amel Lariani)

Mit diesem illustrierten Workbook habe ich vor allem für Führungskräfte eine Möglichkeit geschaffen, sich selbst zu coachen. In meinen Seminaren, Workshops und Coachings werde ich häufig nach Literaturempfehlungen gefragt. Dabei ist mir aufgefallen, dass es kein Werk gibt, dass ich empfehlen kann. Nicht, weil es kein gutes gibt, ganz im Gegenteil, jedoch ist jede Theorie in einen bestimmten Zeitgeist eingebettet und die Bedingungen, in denen Führungskräfte im Wandel agieren, haben sich drastisch verändert. Der Anspruch an Führung steigt stetig, dem wird kein idealisiertes Führungsleitbild gerecht. Ich habe im Laufe der Jahre sehr viele gute Bücher gelesen und daraus meine eigene Vorgehensweise entwickelt. Doch darunter war kein Buch, das alles Wichtige zusammenfasst, die aktuellen Rahmenbedingungen berücksichtigt und zudem eine Anleitung beinhaltet, die der persönlichen Weiterentwicklung dienlich ist.

Meine Vorgehensweise hat sich aus meinen Bedürfnissen heraus entwickelt. Seit dem Jahr 2005 coache ich mich täglich selbst. Das tägliche Üben ist wichtiger als jede Methode und jeder Coach, zumal sich viele keinen eigenen Coach leisten können. Ich habe also alles, was mir wichtig erscheint, in diesem Buch als Essenz zusammengeführt und mit Illustrationen veranschaulicht. Einige Verlage waren daran interessiert, dieses Buch herauszubringen, jedoch wollten sie zunächst diverse Änderungen vornehmen. So sollte ich die Illustrationen weglassen und das Layout dem Verlag anpassen oder ganze Inhalte ändern. Manche wollten den Titel ändern, weil ich mich offen gegen generalisierte Führungsleitbilder ausspreche. All dies hat mich dazu verleitet, das Buch selbst herauszugeben. Es geht mir nicht darum, dass ich einen Bestseller schreibe. Ich schreibe dieses Buch, weil ich Menschen eine zeitgemäße Unterstützung bieten will. Zeit ist Mangelware, der Markt undurchsichtig und keiner kann mit Bestimmtheit sagen, wo die Reise hingehen soll.

Ich möchte mit meinem Buch eine solide Basis schaffen. Die Methoden und Modelle sind praxisbewährt und entsprechen, in dieser Zusammensetzung, keinem Zeitgeist. Es ist ein Arbeitsbuch, das wiederholt genutzt werden kann. Buchbegleitend gibt es ein virtuelles Coaching-Programm für diejenigen, die zusätzliche Unterstützung wünschen.

Ohne Vertrauen und Zusammenhalt ist ein Wandel dieser Dimension schwer zu bewältigen, deshalb entwickeln mein Partner und ich zusätzlich eine zeitgemäße digitale Plattform, die es ermöglicht, die vorherrschende Denkweise im Unternehmenskontext konstruktiv zu kritisieren und zu verändern. Franz Wimmer hat den Begriff „Polylog“ geprägt. Der Begriff bezeichnet ein Konzept des interkulturellen Philosophierens. Auf dieser Basis wollen wir die Möglichkeit schaffen, zu verbindlichen Erkenntnissen in Unternehmensfragen zu gelangen und diese ausdrückbar zu gestalten.

Amel Lariani ist Inhaberin von Embodyment Guide, Business Psychology Consultant, Coach und Autorin.

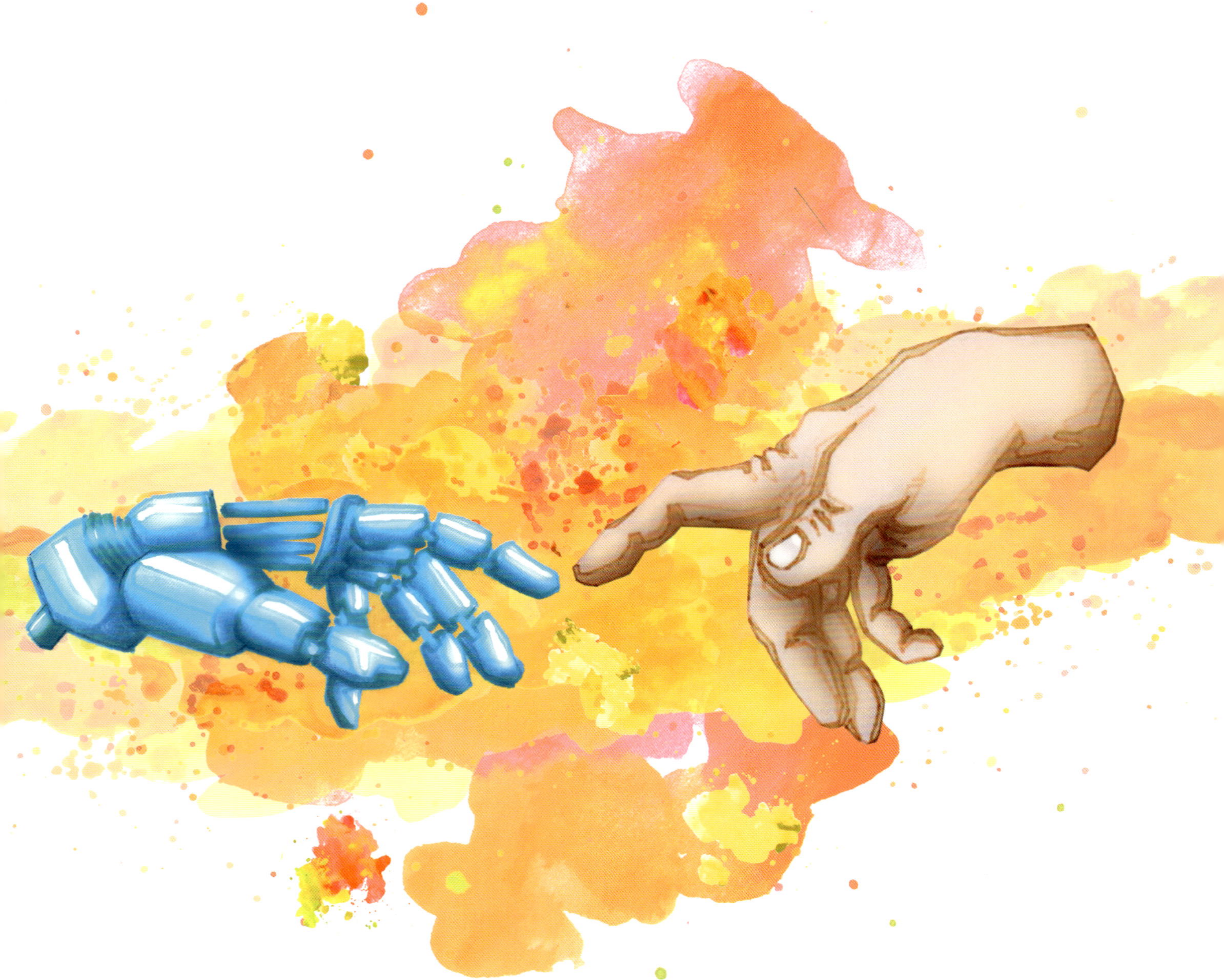

DANKSAGUNG

Meinen Dank und meine Anerkennung möchte ich drei wundervollen Frauen aussprechen, die an der Entstehung dieses Buches unmittelbar beteiligt waren.

Ein Dankeschön an Hannah Marc für die Illustrationen, Veronika Caspers für das Buchlayout und Ellen Erler für das Lektorat. Ein Buchprojekt auf diese Weise zu erschaffen, setzt Vertrauen voraus sowie die Gewissheit, dass jeder seine Stärken ausleben darf. Ich selbst kenne nur Veronica persönlich, die anderen sind sich gänzlich unbekannt. Jede Einzelne hat alles gegeben, um einen reibungslosen und unkomplizierten Ablauf zu gewährleisten.

Ganz herzlich danken möchte ich auch meinen Eltern, Mohamed und Naima, die mir stets Kraft schenken und immer hinter mir stehen.

Dieses Buch widme ich den beiden wichtigsten Personen meines Lebens, Michael und meinem Sohn Noah, die mir mit ihrer Liebe und ihrem Vertrauen den Mut schenkten, meinen eigenen Weg zu gehen.

Und natürlich ein großes Dankeschön an jeden Leser und jeden Käufer, denn es ist nicht selbstverständlich, dass jemand für meine Gedanken bezahlt.

EINLEITUNG

Dieses illustrierte Workbook für Führungskräfte und Unternehmer soll zum einen Zusammenhänge und Auswirkungen des Wandels erklären und zum anderen die Möglichkeit bieten, sich selbst zu reflektieren und persönlich weiterzuentwickeln. Über Fallbeispiele und unterschiedliche Reflexionen bietet sich die Möglichkeit, mehr über das eigene Denken und Handeln seiner Mitarbeiter zu erfahren. Für eine gezielte Selbstentwicklung lassen sich zudem einfache Übungen direkt in die Praxis umsetzen.

WAS IST DAS BUCH UND WAS IST ES NICHT

Dieses illustrierte Workbook hat keinen Anspruch auf absolute Wahrheit und stellt auch keinen weiteren Führungsratgeber dar. Es handelt sich vielmehr um die Zusammenfassung meiner langjährigen Erfahrung sowie die Absicht, diese mit meinen Kunden und mit interessierten Lesern zu teilen. Weiterhin geht es um die Möglichkeit, sich selbst zu hinterfragen und neue Führungsansätze zu entwickeln und um den Versuch, wesentliche Zusammenhänge, die sich auf das Thema Führung auswirken, vereinfacht und kompakt darzustellen, mit dem Ziel, Verständnis und Bewusstsein zu schaffen. Fragebögen, Erklärungsmodelle und Reflexionsmethoden, die in diesem Buch enthalten sind, stammen aus unterschiedlichen Disziplinen oder wurden von mir selbst (weiter-)entwickelt. Der Fokus liegt auf „praxisbewährt" und „einfach" verständlich. Wie auch meine Forschung, wird sich der Inhalt dieses Buches stetig weiterentwickeln. Deswegen freue ich mich, wenn Erkenntnisse, Ergebnisse und Ausarbeitungen unter folgender E-Mail geteilt werden: buch@embodymentguide.com.

IN JEDEM ENDE LIEGT EIN NEUER ANFANG

Bereits im Jahr 2005 begann ich, mich beruflich aber vor allem persönlich weiterzuentwickeln, indem ich diverse Seminare besuchte und Ausbildungen absolvierte. Was mit Neugierde begann, entfachte schnell eine ungeahnte Leidenschaft in mir. Bereits nach wenigen Monaten wusste ich, dass ich meine Berufung gefunden hatte. Jede freie Minute investierte ich in meinen beruflichen Traum und nebenberuflich sammelte ich erste Erfahrungen als Referentin an der Bankakademie. Meine Kurse waren sehr gut besucht, was sich wiederum in den positiven Feedbacks bemerkbar machte. Die Auszubildenden kannten bis dato nur Frontalunterricht mit unzähligen PowerPoint-Folien und endlosen Monologen. Meine kreative und interaktive Unterrichtsgestaltung wurde in einige Kurse adaptiert und ich erhielt schließlich den ersten „Train-the-Trainer-Auftrag" seitens der Bankakademie. In der Finanzkrise entwickelte die Bankakademie mit dem luxemburgischen Arbeitsministerium das Outplacement-Projekt und bot mir an, die deutschen Kunden zu coachen.

Die Hilfen für die deutschen Banken waren an strikte Vorgaben für die Umstrukturierung geknüpft, nicht wenige mussten ihren Bankbetrieb trotz positiver Bilanzen einstellen. Mit dieser Entwicklung hatte niemand gerechnet, immerhin waren alle der festen Überzeugung, in Luxemburg eine sichere Rente zu beziehen. Als Bankangestellter in Luxemburg zu arbeiten war seinerzeit angesehen, begehrt und durch den Steuervorteil äußerst lukrativ. Viele Grenzgänger pflegten einen sehr hohen Lebensstil, der ihnen durch die Finanzkrise zum Verhängnis wurde. Die finanzielle Freiheit wurde zur finanziellen Falle, das Traumhaus zum Albtraum und der Status zum Verhängnis. Bereits nach einigen Coachings erkannte ich erste Muster: Klienten, die sich stark mit ihrer beruflichen Rolle identifizierten, waren anfälliger für psychische Erkrankungen. Rückblickend waren die extremen Rahmenbedingungen und die Massenkündigungen die beste Voraussetzung, um solch tiefgreifende Themen in kürzester Zeit zu behandeln.

Finanzkrise – die Fassade bekommt Risse

Als die perfekt inszenierten, professionellen Masken fielen, wurde mein berufliches Weltbild zum ersten Mal erschüttert. Damals wurde mir auf Grund meiner Emotionalität häufig mangelnde Professionalität vorgeworfen. In einem männerdominierenden, internationalen Umfeld hatte ich das Gefühl, mehr als meine Kollegen leisten zu müssen, um Anerkennung zu erfahren. Ich bewunderte die Sachlichkeit und Professionalität meiner Kollegen. Ihrer Fachsimpelei konnte ich nie ganz folgen, was mich als Quereinsteiger zutiefst verunsicherte. Andauernd bemühte ich mich, eine Fachdiskussion zu vermeiden, um nicht unangenehm aufzufallen. Ich wusste, dass ich kompetent bin, dennoch traute ich mich nicht, meine Fähigkeiten in einem solchen Rahmen zu präsentieren. Meine Unsicherheit ging so weit, dass ich mein Können nicht an realen Begebenheiten festmachte, sondern stattdessen an dem Glauben festhielt, dass ich durch die fehlende Ausbildung zur Bankkauffrau nicht ausreichend kompetent sei. Mir fehlte damals der Blick auf meine Stärken. Ich orientierte mich an dem, was ich nicht war, und das machte mein defizitäres Selbsterleben aus. Durch mein verzerrtes Selbstbild suchte ich mir unerreichbare Vorbilder und leitete aus deren Verhalten unrealistische Handlungsideale für mich selbst ab, was eine stetige Frustration zur Folge hatte. Der stetige Vergleich war eine Verliererstrategie. Durch das hohe Handlungsideal stellte ich unrealistische Erwartungen an mich selbst, wobei ich nur verlieren konnte. Statt mich dort abzuholen, wo ich wirklich stand, verurteilte ich mich dafür, nicht dort zu sein, wo ich glaubte, sein zu müssen.

Es war also nicht verwunderlich, dass es mich in Erstaunen versetzte, als die selbstbewussten Fassaden einstürzten wie Kartenhäuser. Zum ersten Mal wurde ich damit konfrontiert, dass die berufliche Rolle eine identitätsbildende Funktion hat.

MEINE MISSION POSSIBLE

Durch die Erfahrungen, die ich bei der Bank sammelte, setzte ich meinen Fokus auf Vertriebsthemen und dementsprechend positionierte ich mich auch. Dennoch sollte mein Schwerpunkt einmal die Führung werden.

In den Anfängen meiner Selbstständigkeit kooperierte ich mit einer großen Trainingsgesellschaft und wurde in Führungsmaßnahmen und Change-Projekten eingesetzt. Alle lernten die gleichen Konzepte, mit dem Ziel, die Qualität der Ergebnisse so hoch wie möglich zu halten. Damals trennte ich Maßnahmen im Business-Kontext strikt von meiner Lehrtrainertätigkeit im Kontext der Persönlichkeitsentwicklung. Genau diese strikte Trennung führte mich erneut zu einer tiefgreifenden Erkenntnis:

Keine meiner Ausbildungen war gleich. Ich entwickelte die Konzepte mit meinen Teilnehmern weiter und teilte mit ihnen Erkenntnisse meiner persönlichen Entwicklung. Der offene Umgang mit meinen eigenen Themen ermutigte meine Teilnehmer, weil es Nähe statt Distanz schaffte. Diesen Mut besaß ich nicht immer, er hat sich viel mehr über Jahre intensiven Selbstcoachings entwickelt. Ich nutze keine Methoden oder Techniken, die ich nicht an mir selbst erprobt habe. Die Ausdauer täglicher Selbstreflexion, Übung und Beobachtung zahlte sich mit den Jahren aus.

Bereit, Altbewährtes über Bord zu werfen

Fasziniert von der unbewussten Raffinesse, verdrängte Themen zu entdecken, machte es mir zunehmend Spaß, meine Selbstsabotagestrategien zu entlarven. In meinen aufkommenden Widerständen die wahren Motive zu erkennen, die oftmals das Gegenteil von dem darstellten, was ich eigentlich dachte und sagte, war eine Herausforderung. Meine Persistenz wurde mit außergewöhnlichen Fähigkeiten im Bereich Selbstcoaching belohnt. Je tiefer ich zu mir selbst durchdrang, desto tiefer konnte ich bei meinen Teilnehmern ansetzen. In den tiefen Ebenen der Persönlichkeit entdeckte ich Reaktionsmuster, die sich selbst wiederholten. Daraufhin verwarf ich alles, was ich die letzten acht Jahre gelernt und gelehrt hatte. Ich fokussierte mich nicht länger auf Inhalte und fing stattdessen an, mit Musterbildungen zu arbeiten. Je stärker sich meine Kunden mit der Bedeutung und dem Wahrheitsgehalt ihrer Erklärungen identifizierten, umso stärker tendierten sie dazu, sich in wiederholenden Inhalten ihrer Problemdarstellung zu verfangen. Muster schienen begrenzt und ermöglichten es, Verständnis auf der Metaebene zu schaffen. Ich lernte, mich auf den funktionellen Nutzen der Muster zu fokussieren und fing an, Muster mit der dazugehörigen Sprache, dem Verhalten und den Emotionen zu analysieren.

Nur, weil es nicht in mein Weltbild passt, ändert es nichts an den Ergebnissen

Meine Leidenschaft entwickelte sich zunehmend zur Obsession. Mittlerweile konnte ich meine eigene Entwicklung kaum fassen. Mir ging es gut, ich war zum ersten Mal richtig glücklich in meinem Leben. Das permanente innere Rauschen wich einer entspannten Ruhe. Ich konnte über meine Fehler lachen und das Leben zunehmend im Hier und Jetzt genießen. Dieses unfassbare Gefühl wollte ich mit meinen Kunden teilen, mehr noch, ich war besessen von der Idee, schnell und nachhaltig diesen „selbstbestimmten" Zustand zu coachen. Geleitet von dem tiefen Bedürfnis, Menschen glücklich zu erleben, forschte ich, im tiefen Glauben, dass es einen Hebel für transformative Veränderung geben musste. Die Anfragen komplexer Fälle häuften sich, was zaghaft begann, wurde Standard. Daraufhin systematisierte ich meine Vorgehensweise und coachte gezielt, um meine Annahme auf schnelle und nachhaltige Veränderung zu überprüfen. Unter meinen Klienten waren traumatisierte Soldaten, die in Afghanistan kämpften, Kinder mit Angststörungen, Teenager mit selbstzerstörerischem Verhalten und bei allen wiederholten sich die Reaktionsmuster, lediglich die Intensität variierte.

Das Prinzip der Ermutigung geht auf Rudolf Dreikurs zurück und erlaubt es Kindern, positive Ziele in Angriff zu nehmen und ein gesundes Selbstbewusstsein aufzubauen. Zwei Wochen und drei Gespräche waren ausreichend, um über Erfahrung eine neue Realität zu schaffen. Der Mensch verändert sich nicht über Wissen, der Mensch verändert sich über neue Erfahrungen. In dem Fallbeispiel (siehe S. 17) hat der Zehnjährige sich gezielt mit der angstauslösenden Situation auseinandergesetzt. Durch diese Konfrontation konnte er neue Erfahrungen machen. Er hat erlebt, dass er die körperlichen Reaktionen ertragen kann, er hat sich selbst ermutigt und verstanden, dass die Angst mit der Zeit nachlässt. Somit lernte er, seine Ängste abzubauen und auf seine Fähigkeit, sich eigenständig durch diese Situation zu führen, zu vertrauen.

Diese Art von Coaching mag sich einfach anhören, basiert aber auf vielen Jahren ehrenamtlicher Workshops an Schulen und zielgerichteten Weiterbildungen, die halfen, Kinder darin zu unterstützen, Selbstsicherheit aufzubauen.

FALLBEISPIEL

Die Eltern eines zehnjährigen Jungen baten mich um Hilfe. Ihrer Ansicht nach war der Tod der Großmutter Auslöser für das veränderte Verhalten des Sohnes. Doch was hatte sich geändert? Laut ihrer Schilderung startete er Schultage mit Bauchschmerzen und suchte mehrmals verzweifelt und unter Angsttränen die Toilette auf. Auf dem Schulweg wurden die Symptome schlimmer, er lag mit Krämpfen auf dem Rücksitz des Autos und verweigerte den Ausstieg. Sie hatten keinen Therapieplatz bekommen und waren sichtlich am Ende ihrer Kräfte. Im Laufe meiner Forschung hatte ich mir angewöhnt, menschliches Verhalten im Kontext zu beobachten. Daher besuchte ich die Familie, um mir ein eigenes Bild über den Sachverhalt zu verschaffen.

Im Elternhaus lief der Junge aufgeregt zur Toilette und verkündete mit schriller Stimme, dass er nicht zur Schule konnte. Mit viel Überredenskunst seitens der Mutter verließen wir das Haus, ich saß im Auto neben ihm auf der Rückbank. An der Schule angekommen, fing er an, sich hin- und herzuwerfen und brüllte fast schon hysterisch. Sein Verhalten glich dem eines dreijährigen Kindes. Er brüllte bei jeder Aufforderung auszusteigen und schlug mit den Fäusten wild um sich. Alle Versuche ihn zu beruhigen, scheiterten kläglich. Seine Mutter zerrte ihn aus dem Auto und er stampfte wie ein trotziges Kleinkind schreiend auf der Stelle. Etwa eine halbe Stunde später ging er unter lautem Protest und unter Beobachtung seiner Mitschüler in die Klasse.

Einen Rückfall in frühkindliche Verhaltensweisen nennt man Regression. Sie bietet eine Art von Sicherheit, um mit emotional belastenden Situationen klarzukommen. Auch Erwachsene können regredieren, wir greifen dabei unbewusst auf bereits gebahnte Bewältigungsstrategien zurück, die der Situation nicht angemessen sind, um Konflikte zu lösen oder Gefühle besser in den Griff zu bekommen.

In diesem Fall war der Auslöser für das Verhalten ein Unfall im Alter von drei Jahren. Der Mutter zur Folge musste der Junge eine ganze Weile Schmerzen ertragen, da sich die Behandlung durch eine Überbelastung der Notaufnahme verzögerte. Als er dann endlich behandelt werden sollte, wurde er seiner Mutter unter weinendem Protest entrissen. Diese intensiv erlebte Szene wurde gespeichert und bei dem Verlust der Oma reaktiviert.

ES GEHT IMMER UM MENSCHEN IN KONTEXTEN

Dieses Fallbeispiel ist für mich besonders wichtig, weil es mich erneut dazu gebracht hat, meine Arbeit zu überdenken. Der Kontext, in dem ein Verhalten auftritt, schien mir relevant. Hätte der Junge einen Therapieplatz bekommen, wäre das Verhalten gar nicht erst aufgetreten. Es steht mir nicht zu, Konsequenzen zu bewerten, für mich bedeutete das also, den Fokus auf die Rahmenbedingungen im beruflichen Kontext zu legen. In den nächsten Monaten analysierte ich Rahmenbedingungen und kam zu dem Ergebnis, den Menschen als interagierendes Wesen und seine Muster in Wechselwirkung mit dem jeweiligen Kontext zu betrachten. Nach einer Weile stellte ich drei Auslösereize, auch Trigger genannt, für Muster fest: Kontext, Mensch und Thema. Eine Reaktion muss nicht zwangsläufig auf einen Trigger folgen. Selbstschutz- und Verdrängungsmechanismen können zeitversetzt eine Reaktion auslösen, wie im Fallbeispiel des 10-jährigen Jungen.

Auslöser für Muster, Empfindungen und Affekte eröffneten mir im beruflichen Kontext eine neue Ebene. Verhalten ist die Wirkung aus frühkindlichen Erfahrungen und den daraus entstandenen Reaktionsmustern. Die Beweggründe für Verhalten lagen jedoch nicht in der Vergangenheit, sondern in der Zukunft. Menschliche Reaktionen sind meistens zielgerichtet oder zweckgebunden, um bestimmte Erfahrungen aus der Vergangenheit nicht wiederholt erleiden zu müssen.

Hierarchien haben einen erlaubenden Charakter, mit Annahme einer Führungsrolle legt keiner seine Reaktionsmuster ab. Führungspositionen sind Machtpositionen. Um an die Spitze zu kommen, spielt Macht eine größere Rolle als Fairness. Jedoch sind die Ergebnisse und das Teamklima jener Führungskräfte, die ihre Mitarbeiter fair behandeln und ihnen Mitsprache einräumen, deutlich besser, als die von Führungskräften, die über Macht und Autorität führen.

MENSCHENORIENTIERTE FÜHRUNG

Im Laufe der Jahre hat sich meine persönliche Sicht zum Thema Führung komplett verändert. Menschen führen Menschen und Führung dient dazu, Menschen zu stärken. Idealistische Führungsbilder wecken unrealistische Erwartungshaltungen, die kein Mensch erfüllen kann. Jedes Handlungsideal führt zwangsläufig zu hohen Handlungserwartungen. Die Diskrepanz zwischen Erwartung und tatsächlichem Handeln hat zwangsläufig negative Auswirkungen auf das Selbst- und Fremdbild. Vielleicht liegt hierin eine weitere Begründung dafür, warum Führung, aus Sicht der Mitarbeiter, häufig negativ erlebt wird.

Führung ist für mich kein Stil, keine Technik, kein Model und erst recht keine Theorie. Management 3.0, Leadership 4.0, digital Leadership, transformational Leader – ein Leadership-Trend jagt den nächsten. Die unermüdliche Kreativität imposanter Wortschöpfungen ist bemerkenswert, noch bemerkenswerter ist die Naivität, mit der Menschen auf den Hype anspringen. Vielleicht spiegelt sich darin auch nur die Hoffnung auf Lösungen, selbst wenn es sich dabei meist um inhaltslose Verpackungen handelt.

Wohlstand zu managen ist etwas anderes, als Notstand zu managen. Führungskräfte brauchen in Zeiten des Umbruchs andere Kompetenzen. Globalisierungs- und Digitalisierungsprozesse bergen die Gefahr der Entwurzelung, da alte Rollen, Regeln und Sicherheiten wegbrechen. In unsicheren Zeiten zu führen, bedeutet, Mitarbeiter emotional abzuholen und für den Wandel zu stärken. Das heißt, seine Mitarbeiter in die Lage zu versetzen, ihre individuellen Kompetenzen und Fähigkeiten im Team und somit im Unternehmen einzubringen. Führungskräfte, die dazu in der Lage sind, schnell Vertrauen zu ihren Mitarbeitern aufzubauen und emotionale Kommunikationssignale zu erkennen, sind klar im Vorteil. Vertrauen schafft ein Gefühl der Sicherheit und gibt den Mitarbeitern Raum, um sich einbringen zu wollen.

INDUSTRIE IM WANDEL

Historisch betrachtet liegen drei Wellen der industriellen Revolution bereits hinter uns. Aktuell befinden wir uns inmitten der vierten Phase – auch Industrie 4.0 genannt. Als industrielle Revolution werden tiefgreifende Veränderungen im technologischen Fortschritt bezeichnet, die Auswirkungen auf einzelne Menschen, ganze Gesellschaftsgruppen, Organisationen, Management- und Führungstheorien haben.

INDUSTRIE 1.0 – GEBURT DER DAMPFMASCHINE

Industrie 1.0, gekennzeichnet durch die erste maschinelle Massenproduktion, ist Mitte bis Ende des 18. Jahrhunderts zu datieren. Mechanische Produktionsanlagen wurden nach und nach errichtet und Maschinen durch Wasser- und Dampfkraft angetrieben. Im Jahre 1784 wurde der erste dampfkraftbetriebene Webstuhl in Betrieb genommen. Die Mechanisierung von Arbeitsprozessen schaffte vor allem in Nordamerika und Europa viele neue Arbeitsplätze in der Textil-, Eisen- und Stahlindustrie sowie im Kohleabbau.

Maschinen wurden vermehrt in Fabriken eingeführt, was sich auf die selbstständigen Handwerksbetriebe auswirkte. Durch die hohen Investitionskosten kam es schließlich zur Trennung von Besitz und Bedienung. Menschen verkauften erstmalig ihre Arbeitskraft und Unternehmer mussten Arbeit über organisationale Strukturen und Führung koordinieren und sicherstellen. Für Unternehmer stand eine möglichst effiziente Produktion im Mittelpunkt. Um optimale Ergebnisse zu gewährleisten, legte man den Fokus auf die ökonomische Führung. Das Wohl der Arbeitnehmer stand an zweiter Stelle, was sich durch schlechte Arbeitsbedingungen bemerkbar machte.

INDUSTRIE 2.0 – AKKORD-ARBEIT AM FLIEẞBAND

Ein gutes Jahrhundert später, zum Ende des 19. Jahrhunderts, wurde durch die Einführung der Elektrizität der Startschuss für die zweite industrielle Revolution gelegt. Henry Ford trieb diese im Jahr 1913, mit Einführung des Fließbandes in die Automobilbranche, maßgeblich voran.

So haben Fließ- und Förderbänder die Mechanisierung der Produktionsbetriebe beschleunigt und die Massenproduktion ausgeweitet. Arbeit wurde in Produktionshallen ständig weiter automatisiert, sodass Fließbänder und Motoren zunehmend die menschliche Arbeitskraft ersetzten.

In der zweiten industriellen Revolution gab es bereits erste Schritte in Richtung Globalisierung, es wurden Rohstoffe, Kleidung und Automobile über Ländergrenzen hinweg transportiert. Die Transportmöglichkeiten wurden weiter ausgebaut, die Luftfahrt nahm ihren Betrieb auf und Schiffe überquerten die Weltmeere.

In dieser Entwicklungsphase mussten Organisationen ihre Arbeitsabläufe und Unternehmensprozesse überdenken. Das Bestreben, möglichst effizient zu arbeiten und die Produktivität zu optimieren, führte zur Arbeitsteilung und Spezialisierung. Arbeiter wurden gezielt ausgewählt und angelernt, um maximale Leistung und optimierte Arbeitsergebnisse zu erzielen. Der Arbeitnehmer wurde als Produktionsfaktor gesehen und die Kontrolle der Aufgabenerfüllung sowie eine optimale Zielerreichung standen fortan im Fokus der Führung.

Ein zentrales Kennzeichen dieser Epoche war der Akkordlohn, welcher die Kopplung von Entlohnung an Leistung umfasst.

Die Trennung von Hand- und Kopfarbeit ist auf den US-Amerikaner Frederick Winslow Taylor zurückzuführen. Spezialisierte Funktionsmeister setzten Regeln zur Priorisierung von Arbeitsschritten, die Teilung der Arbeit in kleinste Einheiten, fest. Zu deren Bewältigung wurde nur eine geringe Denkleistung benötigt, wodurch wiederum die Produktivität gesteigert werden sollte. Aus Taylors Ansätzen entstanden zwei hierarchische Ebenen: die Funktionsmeister auf der Führungsebene und die Arbeiter auf der Ausführungsebene. Ende der 30er-Jahre des 20. Jahrhunderts durchlebte das Menschenbild des Homo oeconomicus, welches den Menschen als rationales und nutzenorientiertes Wesen beschreibt, einen Wandel. Die zunehmende Verknappung des Arbeitskräfteangebots sowie die sinkende Motivation und Produktivität, als Folge stetiger Optimierung von Arbeitsmethoden, wurde mehr und mehr durch die Berücksichtigung menschlicher Bedürfnisse abgelöst.

INDUSTRIE 3.0 – AUTOMATISIERUNG DURCH COMPUTER

Charles Babbage und Ada Lovelace waren bereits im 18. Jahrhundert Vordenker des individuell programmierbaren Computers. Die Mikroelektronik führte Mitte der Siebzigerjahre des vergangenen Jahrhunderts zu einem erneuten Wandel. Die dritte industrielle Revolution zeichnete sich durch die sukzessive (Teil-) Automatisierung von Arbeitsschritten aus. In den 1940er-Jahren hielten die ersten großen Rechenmaschinen ihren Einzug in Großfirmen und mit ihnen auch die ersten programmierbaren Steuerungen. Eine variantenreichere Serienproduktion war durch die neuen Technologien möglich und die vorherige Reihenfertigung in den Fabriken wurde zunehmend automatisiert und ersetzte menschliche Arbeitskraft. Entwicklungszyklen wurden immer kürzer, die wachsende Dynamik in der Zusammenarbeit erforderte organisationale Weiterentwicklungen. Die Hierarchie als zentrales Organisationsmerkmal diente maßgeblich der Komplexitätsreduktion, ebenso wie standardisierte Verfahren und Programme, die dazu beitrugen, Arbeitsschritte zu vereinfachen.

In der Mitte der 1960er-Jahre entstand schließlich eine Gegenbewegung, die für mehr Humanisierung und Demokratisierung in der Arbeitswelt plädierte. Ein differenzierteres Menschenbild, die komplexe Bedürfnislage sowie variierende Motive der Mitarbeiter brachten in dieser Epoche eine Vielzahl unterschiedlicher Führungstheorien hervor.

Das dominierende Menschenbild dieser Zeit war die des Homo oeconomicus, das heißt, dem Menschen wurde ein zweckrationales Verhalten unterstellt.

Es gab zunächst verschiedene Theoriencluster, die sich vordergründig mit der Persönlichkeit von Führungskräften befassten. Diese machten den Führungserfolg an bestimmten Eigenschaften der Führungskraft fest. In den 50er- und 60er-Jahren entstanden neue theoretische Ansätze, die sich auf das Führungsverhalten fokussierten und ein besonderes Augenmerk darauf legten, inwiefern das besagte Verhalten mit dem Führungserfolg im Zusammenhang steht.

Der jüngste Führungsansatz ist der situative. Situative Führungstheorien berücksichtigen die Situation, in der Führung stattfindet, als Bedingung für den Erfolg des Führungsverhaltens.

CURTA

INDUSTRIE 4.0 – DIGITALE REVOLU

Ende des 20. Jahrhunderts begann die vierte industrielle Revolution. Sie hält bis heute an und wird durch die zunehmende Digitalisierung sowie neue Kommunikationsformen definiert. Industrie 4.0 bezieht sich sowohl auf die industrielle Entwicklung weiterer Technologien und Informationsverarbeitungstechniken als auch auf die veränderte Produktions- und Arbeitswelt im globalen Zeitalter. Schrauben kommunizieren mit Montagerobotern, selbstständig fahrende Gabelstapler lagern Waren in Hochregale ein, intelligente Maschinen koordinieren selbstständig Fertigungsprozesse. Menschen, Maschinen und Produkte sind direkt miteinander vernetzt.

Just-in-time-Strategien decken die Bedürfnisse des Absatzmarktes und neben der, immer schneller werdenden, Fertigung konnten zudem Fortschritte im Bereich des Umwelt- und Arbeitsschutzes gemacht werden.

Die zunehmend digitalisierte Welt stellt vor allem Unternehmen vor große Herausforderungen. Doch inwiefern neue Arbeitsverhältnisse und optimierte Formen der Zusammenarbeit geschaffen werden, unterscheidet sich von Unternehmen zu Unternehmen. Eines steht jedoch fest: Mit neuen Technologien und zunehmender Vernetzung entstehen nicht nur Risiken, sondern vor allem neue Möglichkeiten.

MEGATRENDS VERÄNDERN DIE ARBEITSWELT

Ein Megatrend hat Auswirkungen auf den einzelnen Menschen und umfasst alle Ebenen der Gesellschaft, das heißt, sowohl Wirtschaft und Politik als auch Wissenschaft, Technik und Kultur. Megatrends verändern die Welt zwar langsam, dafür aber grundlegend und langfristig. Der Blick auf das große Ganze schafft Verständnis für die Zusammenhänge zwischen den Megatrends, den Auswirkungen für die Arbeitswelt und der Notwendigkeit für den Kulturwandel.

GLOBALISIERUNG

Noch nie zuvor war die Welt vernetzter als heute. Durch das Entfallen wirtschaftlicher und geographischer Grenzen eröffnen sich viele neue Möglichkeiten. Vom Transport wirtschaftlicher Güter in alle Länder, Outsourcing über kontinentale Grenzen hinweg, bis hin zur persönlichen und beruflichen Annäherung unterschiedlichster Kulturen. Die Verbraucher profitieren von einer größeren Vielfalt an Produkten und von niedrigeren Importpreisen.

In einer globalisierten Arbeitswelt stehen deutsche Arbeitnehmer im direkten Wettbewerb mit internationalen Arbeitskräften ähnlicher Qualifizierung. Um wettbewerbsfähig zu bleiben und die berufliche Existenz zu sichern, ist lebenslanges Lernen und die Bereitschaft, sich beruflich stetig weiterzubilden, unabdingbar. Die Anforderungen an Arbeitnehmer, sich selbst zu behaupten und selbst zu organisieren, steigen mit den Partizipationsmöglichkeiten.

Globales Arbeiten, über Zeitzonen hinweg, begünstigt zum einen Produktivitätsstrategien und zum anderen wird der Einzelne durch die Auflösung der Ruhezeiten verstärkt in die Selbstverantwortung, Arbeits- und Ruhezeiten zu regeln, gedrängt. Wie lange, wie schnell und mit welcher Zeitlogik gearbeitet wird, liegt durch die Aufhebung der Fremdkontrolle vermehrt in der Verantwortung des Arbeitnehmers. Die Notwendigkeit, Entscheidungen unter ungewissen Bedingungen zu treffen und mit Unsicherheiten umzugehen, steigt.

DIGITALISIERUNG

Wissenschaftliche Erkenntnisse lösten die unterschiedlichen Phasen industrieller Revolution aus, die, mit dem Ziel der wirtschaftlichen Nutzung, technologisch umgesetzt wurden. Mit der Digitalisierung gelang die Überführung analoger Größen in abgestufte Werte, die elektronisch gespeichert, verarbeitet und verbreitet werden. Schätzungsweise liegen über 95% der weltweit genutzten Informationen in digitaler Form vor.

Der Megatrend Digitalisierung verändert Arbeitsprozesse und Wertschöpfungsketten radikal. Roboter und Maschinen beschleunigen die Produktion von Gütern und führen zu neuen Absatzkanälen wie das Onlineshopping. Die Auflösung kommunikativer Grenzen verschafft nicht nur Milliarden von Menschen den Zugang zur virtuellen Welt, sondern vernetzt sie auch miteinander über die sozialen Medien. Über Messenger mit integrierter Videotelefonie und Cloud Computing ist der berufliche Austausch in Echtzeit, über Zeitzonen hinweg, möglich. Ständige Erreichbarkeit kann als Belastung empfunden werden, wodurch der bewusste Umgang mit Ruhepausen und digitalen Medien immer wichtiger wird.

Softwarelösungen vereinfachen die Produktivität, optimieren und koordinieren Unternehmensschritte vom Einkauf bis hin zum Vertrieb. Digitalisierung ist durch Effizienz, steigende Dynamik und Reduzierung der Kosten gekennzeichnet. Die Ansprüche an technische und geistige Fertigkeiten erhöhen sich, wodurch Themen wie Belastbarkeit und Anpassungsfähigkeit fortlaufend an Bedeutung gewinnen. Mehr denn je steht der Arbeitnehmer in der Verantwortung, Strukturen zu schaffen, die der Absicherung seiner Arbeit dienen. Die Arbeit verlagert sich zunehmend von körperlicher zu Kopfarbeit. Eine weitere Folge der Digitalisierung ist die Veränderung von Berufsbildern. Einige werden gänzlich wegfallen und einige Berufe werden neu entstehen. Das gilt ebenso für die Art und Weise der Beschäftigung. Es wird immer mehr Freiberufler geben, die Unternehmen zuarbeiten und selbst verantwortlich für ihre Auftragslage sind.

SUBJEKTIVIERUNG

Wir befinden uns in einem radikalen Umbruch des Arbeitsmarktes, der ein radikales Umdenken erfordert. Für viele Unternehmen ist die Gewinnmaximierung immer noch das übergeordnete Ziel. Das, aus der Historie zu Grunde liegende, wirtschaftliche Selbstverständnis vom Mitarbeiter als reinen Produktionsfaktor führte zur Objektifizierung des Menschen. Maßgeblich beeinflusst durch den Wertewandel, erstarkt das Interesse am menschlichen Subjekt in der Arbeitswelt, um dem steigenden Bedürfnis nach Selbstverwirklichung, Autonomie und sinnhafter Tätigkeit gerecht zu werden. Subjektivierung bedeutet zum einen, dass die Ansprüche der Arbeitnehmer an ihre Arbeit gestiegen sind. Zum anderen befassen sich Unternehmen vermehrt mit der Nutzung der subjektiven Fähigkeiten ihrer Mitarbeiter und damit, die entsprechenden Rahmenbedingungen zu schaffen, innerhalb welcher diese motiviert sind, sich aktiv an Unternehmensprozessen zu beteiligen.

Organisationen stehen durch den technologischen Fortschritt und durch diverse Globalisierungsprozesse unter Veränderungsdruck. Steigende Dynamik und Komplexität fordern veränderte Organisationsstrukturen, mit dem Ziel der Flexibilisierung. Penible Arbeitsteilung, formalisierte Abläufe und die Bündelung von Entscheidungen an der Unternehmensspitze verlängern die Reaktionszeiten und bremsen gleichzeitig Innovationsvorhaben.

Die Verbreitung zeitgemäßer Arbeitsformen, wie beispielsweise Projektarbeit und selbstorganisierte Teams, benötigen einen höheren Abstimmungsaufwand sowie soziale und kommunikative Kompetenzen. Veränderte Steuerungsformen in den Unternehmen bauen vor allem auf die Eigenverantwortung der Arbeitnehmer, ihre Aufgaben sinnhaft zu strukturieren und sich stetig weiterzubilden. Der Umbruch in den Arbeitsbeziehungen und der Arbeitsorganisation kommt einer organisatorischen Revolution gleich, aus der einerseits Chancen durch mehr Selbstbestimmtheit und andererseits gewisse Risiken entstehen. Die Gefahr von Überforderung durch Stress steigt und birgt gesundheitliche Risiken.

WERTEWANDEL

Werte sind richtungsweisend. Sie verleihen Individuen, sozialen Gruppen und Organisationen Orientierung. Aus Werten lassen sich soziale Normen als Verhaltensvorschriften, wie beispielsweise Arbeitsschutzgesetze, ableiten. Wertvorstellungen sind grundlegend positive Eigenschaften, nach denen menschliches Handeln ausgerichtet ist. Persönliche Werte beeinflussen das Denken, das emotionale Erleben und jegliche Entscheidung, die getroffen wird. Folglich bestimmen sie oftmals das Verhalten, wenn auch unbewusst.

Werte kristallisieren sich, als Folge von psychischer und physischer Sicherheit, aus einer Gesellschaft heraus. Den eigentlichen Beginn der sozialwissenschaftlichen Wertewandelforschung bildete 1977 die Studie „The Silent Revolution" von Ronald Inglehart. In dem Zeitzyklus wird die Umbruchphase von materialistischen „Pflicht- und Akzeptanzwerten" zu postmaterialistischen „Selbstentfaltungswerten" verortet.

Als materielle Werte gelten diejenigen, welche die Absicherung von physischen Grundbedürfnissen, die ökonomische Absicherung sowie die materielle Orientierung thematisieren. Hierzu zählt zum Beispiel stetiges Wirtschaftswachstum. Zu den postmaterialistischen Werten zählen diejenigen, die dem Bedürfnis nach sozialer Zugehörigkeit, Selbstverwirklichung, intellektueller und ästhetischer Befriedigung gerecht werden.

Materielle Güter haben im Postmaterialismus eine geringere Bedeutung. Das Streben nach höheren Werten wie Gesundheit, Freiheit, Glück aber auch Tier- und Umweltschutz stehen im Vordergrund. Junge Generationen befinden sich im „Wohlstand" und sind mit einem anderen Erziehungsstil aufgewachsen. Sie fordern Unternehmen dazu auf, in Richtung Arbeitnehmerattraktivität und Sinnhaftigkeit der Tätigkeit umzudenken. Sicherheit steht nicht mehr im Vordergrund, es geht bei der Berufswahl meist um die Erfüllung von Werten und Bedürfnissen auf der zuvor genannten höheren Ebene.

DEMOGRAFISCHER WANDEL

Die drei Faktoren Geburtenrate, Sterblichkeit und Zu- und Auswanderung wirken sich maßgeblich auf die Altersstruktur der Bevölkerung aus. Durch den medizinischen Fortschritt haben Menschen eine deutlich höhere Lebenserwartung. Bedingt durch die verstärkte Zuwanderung und die positive Entwicklung der Geburtenraten, hat sich das Durchschnittsalter in Deutschland mittel- und langfristig erhöht. Das statistische Bundesamt meldet 2017 rund elf Millionen Menschen mit Migrationshintergrund. Eine gleichbleibende Entwicklung in der Bevölkerung setzt laut Statistik einen Zuwachs von 2,1 Kindern pro Frau voraus. Rund 785.000 Kinder wurden im Jahr 2017 in Deutschland geboren, das entspricht in etwa 1,5 Kindern pro Frau. Der Stellenwert, Kinder zu haben, sinkt. Laut einer Umfrage der Hamburger Stiftung für Zukunftsfragen sind, neben den Kosten, die Angst vor dem Verlust der eigenen Unabhängigkeit und die Sorge um die Karriere die zwei häufigsten Gründe für den Geburtenrückgang.

Die Auswirkungen demografischer Veränderungen auf die Arbeitswelt sind vielfältig. Arbeitnehmer müssen länger im Unternehmen beschäftigungsfähig bleiben. Dadurch nimmt die Bedeutung von Themen wie altersgerechtes und lebenslanges Lernen, generationenübergreifender Wissenstransfer und Wissenssicherung zu. Der Wettbewerb um die sinkende Anzahl von Nachwuchskräften zwingt Unternehmen dazu, in die Mitarbeitergewinnung und ihr Image zu investieren. Zudem müssen Rahmenbedingungen geschaffen werden, in denen die physische und psychische Gesundheit der Arbeitnehmer erhalten bleibt. Ein radikales Umdenken ist unabdingbar, um den Bedürfnissen jüngerer Generationen gerecht zu werden. Spätestens an dieser Stelle wird deutlich, dass das Thema Kulturwandel kein freiwilliges ist. Unternehmen sind gezwungen, sich zu verändern, weil sie zusätzlich im Wettbewerb um Arbeitnehmer stehen und es sich nicht leisten können, weiterzumachen wie bisher. Natürlich gibt es einige Vorreiter und tolle Beispiele, die den Wandel genutzt haben, um Arbeit neu zu denken. Dennoch ist auf diesem Gebiet noch viel Pionierarbeit zu leisten.

GENERATION X, Y, Z

Der Begriff der „Generation" bezeichnet eine Gruppe von Menschen, die in einer bestimmten Zeitspanne geboren wurden. Das soziologische Generationen-Konzept berücksichtigt historische Ereignisse, die diese Gruppe prägten. Neil Howe und William Strauss beschrieben bereits 19 Generationen, beginnend mit den „Puritanern" (1588 - 1617) bis hin in die heutige Zeit. Dieses Konzept unterstellt keine durchgängige Homogenität. Doch, bedingt durch dieselben geschichtlichen Einflüsse, finden sich in einer Generation - mehr oder weniger - altersgruppentypische Wertemuster und charakteristische Prägungen.

Der US-amerikanische Fotograf Robert Capa prägte erstmals in den frühen 1950er-Jahren den Begriff Generation X. Für die Folgegenerationen wurden die Begriffe Generation Y und Z eingeführt. Die Amerikaner haben der Klassifizierung nach Generation X, Y, Z weltweite Akzeptanz verschafft, vorneweg die wohl am meisten diskutierte Generation Y. Es gibt zeitliche Varianzen in den Einordnungen der unterschiedlichen Generationen. Die Geburtenjahrgänge zwischen 1965 und 1978 werden als Generation X bezeichnet; die zwischen 1979 und 1998 als Generation Y und Geburtenjahrgänge ab 1999 als Generation Z.

In Unternehmen greifen Personalentwickler die Generationsthematik auf und leiten daraus Hypothesen für den Arbeitsalltag ab. Durch unterschiedlich geprägte Erziehungsstile sowie wirtschaftliche- und gesellschaftliche Rahmenbedingungen sind Unternehmen gefordert, sich mit den unterschiedlichen Bedürfnissen der Generationen Y und Z auseinanderzusetzen.

Anders leben. Anders arbeiten. Anders sein - Gen Y

Die Generation Y ist sich ihrer Individualität bewusst und schätzt zugleich die Arbeit in der Gemeinschaft. Sie will sich einbringen und den Zusammenhang ihrer Arbeit mit dem großen Ganzen verstehen. Flexible Arbeitszeiten, gegebenenfalls Home-Office sowie Gemeinschaftsbüros sind favorisierte Arbeitssettings. Mittels digitaler Kommunikationstools wie Messenger, Skype for Business, Slack oder Zoom bewahren sie sich ihre Flexibilität und das Teamgefühl bleibt virtuell auch außerhalb der Büroräumlichkeiten erhalten. Auf Pseudo-Startup-Rahmenbedingungen wie Tischtennisplatte oder Kicker im Keller kann verzichtet werden. Worauf definitiv geachtet werden sollte, ist die Unternehmenskommunikation und der Umgang miteinander. Die Kommunikation sollte transparent, ehrlich, auf Augenhöhe und zeitnahe, in Form einer offenen Feedbackkultur, erfolgen.

Da die Generation Z noch nicht ausreichend erforscht ist und valide Erfahrungswerte fehlen, können noch keine aussagekräftigen Ableitungen für die Arbeitswelt getroffen werden. Sie bringen andere Voraussetzungen mit als die Generationen zuvor. Sie wurden hineingeboren in eine globalisierte und digitalisierte Welt, in der keine klare Abgrenzung zwischen realer und virtueller Welt existiert. Die virtuelle Welt ist ein Teil ihrer realen Welt und sie selbst sind Teil einer 24 Stunden vernetzten Online-Community. Im Erziehungsstil ist der Wandel vom Befehls- zum Verhandlungshaushalt stärker ausgeprägt als in der vorherigen Generation Y. Neben der Förderung des Selbstbewusstseins und der Individualität, wurden sie früh in Entscheidungen miteinbezogen. In Umfragen ist ein Wertewandel, bezogen auf die Vorlieben beruflicher Rahmenbedingungen, deutlich zu erkennen. Selbstverwirklichung, Spaß am Beruf, ein gutes Arbeitsklima und das passende Arbeitsumfeld werden vor der Gehaltshöhe und dem, mit der Arbeitsstelle verbundenen, Status priorisiert.

EMANZIPATION

In komplexer Wechselwirkung sind alle Megatrends am Arbeitsmarkt miteinander verknüpft. Der soziale Wandel ist geprägt von unterschiedlichen Veränderungsdynamiken. Zum einen hat sich die Rolle der Frau in der Arbeitswelt stark gewandelt. Bis zum Jahr 1977 schrieb das bürgerliche Gesetzbuch vor, dass eine Frau ohne Erlaubnis ihres Mannes nicht arbeiten durfte.

Mittlerweile hat die Emanzipation in der Arbeitswelt bereits ihre dritte Welle erreicht. Während in der ersten Phase Frauen überwiegend in Teilzeit arbeiteten, bauten Unternehmen in der zweiten Phase Betreuungsangebote für Kinder aus und eröffneten die Möglichkeit, flexibel im Home-Office zu arbeiten. In der dritten Phase emanzipiert sich der Mann mit dem Recht auf Elternteilzeit. Die männliche Rolle befindet sich im Wandel vom traditionellen Hauptversorger zum modernen Basisversorger. Auch wenn Frauen nach wie vor seltener in Vorstandsetagen sitzen, werden traditionelle Rollenmuster zunehmend aufgebrochen. Aus wirtschaftlichen Gründen gehen auch Männer in Teilzeit und betreuen die Kinder, wenn die Frau das höhere Gehalt bekommt. Bedingt durch die gute konjunkturelle Lage und die gestiegene Erwerbsneigung, insbesondere von Frauen, ist die Anzahl der Erwerbstätigen in Deutschland in den vergangenen Jahren deutlich gestiegen. Arbeitszeitmodelle, hinsichtlich der Vereinbarkeit von Familie und Beruf, geraten zunehmend an ihre Grenzen. Hier sind vor allem Unternehmen gefordert, Arbeit neu zu denken.

Im Wandel liegt eine große Chance, „alte" Rollenbilder abzulegen und die Gleichberechtigung der Geschlechter auf dem Arbeitsmarkt voranzutreiben. Unternehmen können es sich nicht mehr leisten, auf die Erwerbsbeteiligung der teils sehr gut ausgebildeten Frauen zu verzichten. Gerade mit Hinblick auf den Fachkräftemangel sollten Frauen und Männern die gleichen beruflichen Chancen und Möglichkeiten geboten werden. Die Gleichstellung ist nicht nur überfällig, sie ist unerlässlich für einen bewusst gestalteten Kulturwandel. Auf rational methodischer Ebene ist der Kulturwandel in Unternehmen zum Scheitern verurteilt. Die Überwindung der fast 70 Jahre alten Denk- und Verhaltensmuster ist ohne einen radikalen Einstellungswandel nicht möglich.

Rollenbilder im Wandel

Wenn wirtschaftliche, kommunikative und institutionelle Grenzen fallen und gewohnte Rollen und Rahmenbedingungen sich auflösen, besteht ein erhöhtes Risiko der Überforderung und Entwurzelung. Wandel bedeutet für den Arbeitnehmer, die Verschiebung von der Außenorientierung zur Innenorientierung. Selbsterkenntnis kommt vor Menschenkenntnis, beides ist unerlässlich für die neuen Formen selbstorganisierter Zusammenarbeit, ebenso soziale und emotionale Kompetenzen. Soft Skills, die gestern noch belächelt wurden, sind heute harte Währung in der Führung und die Persönlichkeitsentwicklung, vor allem in Führungspositionen, ist unumgänglich.

Hier schließt sich der Kreis um die Frage, warum die bewusste Gestaltung des Kulturwandels an Frauen in der Führung nicht vorbeikommt. Frauen schneiden laut der geschlechterspezifischen Studie des Personalberatungsunternehmen Korn Frey bei sozialen und emotionalen Kompetenzen besser ab. Eine radikale Erhöhung des Frauenanteils in Führungspositionen sollte daher fester Bestandteil der Strategie im Kulturveränderungsprozess sein. Eine unternehmensinterne Befragung, die beinhaltet, warum Frauen führen beziehungsweise nicht führen und unter welchen Bedingungen sie führen würden, liefert die ersten Erkenntnisse. Einige Unternehmen wollen den erhöhten Frauenanteil über Headhunter oder Berater von Außen hinzuführen. Viele Kulturveränderungsprozesse misslingen, weil sie mit gewohnten Ansätzen und Regeln angegangen werden, um neue Effekte zu erzielen. Um Albert Einstein zu zitieren: „Die Definition von Wahnsinn ist, immer wieder das Gleiche zu tun und andere Ergebnisse zu erwarten."

NEUE WEGE IN DER ARBEITSWELT

Die Megatrends bedingen und verstärken sich gegenseitig und machen es notwendig, das Thema Arbeit neu zu denken. Somit ist der Kulturwandel kein gänzlich freiwilliges Thema. Diesem Wandel wird sich künftig kein Unternehmen entziehen können, wenn es wettbewerbsfähig bleiben will. Der Arbeitsmarkt wandelt sich von einem Arbeitgebermarkt, aus den Zeiten des Überangebotes von Qualifizierten und Nicht-Qualifizierten, in einen Arbeitnehmermarkt. Phänomene, wie der demografische Wandel und der Fachkräftemangel, stellen Arbeitgeber vor die Herausforderung, im Wettbewerb um die besten Talente zu bestehen. Unternehmen geraten vermehrt unter Druck, weil sie auf den Mangel an Bewerber reagieren müssen, um vakante Stellen zu besetzten. Zudem fordert die Generation Y und auch die kommende Generation Z ein Umdenken in Unternehmen. Sie streben nach sinnstiftenden Tätigkeiten, Flexibilität und Leichtigkeit am Arbeitsplatz. Dabei sollten ein gutes Gehalt und eine ausgeglichene Work-Life-Balance nicht zu kurz kommen. Dem Markt stehen noch spannende Herausforderungen bevor, allen voran die Überwindung alter Denk- und Verhaltensmuster, die das „alte" Arbeitssystem gerade an seine Grenzen führt.

NOTIZEN

GRUNDBEDÜRFNISSE UND SCHEINBEDÜRFNISSE

Das Verhalten einer Person ist abhängig von der Person selbst, seiner Persönlichkeit, seinen Motiven und Interessen, seiner Vorbildung, seinen Fähigkeiten usw. Ebenso üben das Umfeld, die Familie, Beziehungen sowie die Kultur der Gesellschaft und die des Unternehmens erheblichen Einfluss aus. Die Gesamtheit aller Faktoren nennt der Sozial-und Organisationspsychologe Kurt Lewin den Lebensraum. Ein zentrales Element seiner psychologischen Feldtheorie ist eine Formel für menschliches Verhalten: V = f (P, U). Das Verhalten einer Person steht demnach in Wechselwirkung mit dem Lebensraum, der Person und dem psychologisch relevanten Umfeld. Die Person und sein Umfeld stehen in gegenseitiger Abhängigkeit und schaffen ein soziales Feld, den Lebensraum.

LEBENSRAUM IM WANDEL

Der Eingriff des Menschen in die Umwelt steigt stetig. Erstmalig ist es dem Menschen gelungen, die Rahmenbedingungen, in denen er lebt, komplett zu verändern. Das bleibt nicht ohne Auswirkungen für die Umwelt und vor allem nicht für den Menschen selbst. Darwin hat es in folgendem Zitat treffend formuliert: „Es ist nicht die stärkste Spezies, die überlebt, auch nicht die intelligenteste, sondern eher diejenige, die am ehesten bereit ist, sich zu verändern."

In den letzten 100 Jahren haben sich die Umweltbedingungen und folglich unser ganzer Lebensstil drastisch verändert. Durch den massiven Eingriff des Menschen in die Ökologie werden Evolutionsprozesse beschleunigt und ganze Arten müssen sich in kürzester Zeit anpassen, um nicht auszusterben. Die Fähigkeit zur Anpassung gehört zum Grundmuster des Lebens. Globalisierungs- und Digitalisierungsprozesse haben eine ganze Reihe an Vorteilen in der modernen Gesellschaft hervorgebracht, jedoch tragen sie ein erhöhtes Risiko menschlicher Überforderung und Entwurzelung in sich. Das geht mit veränderten Anforderungen in Beruf und Freizeit einher, die für viele Menschen zunehmend ein Problem darstellen. Die Beschleunigung ist ein Kernelement der Modernisierung, alles muss schneller und besser werden.

Schneller, besser, weiter: die Leistungsgesellschaft

In etwa der ersten Hälfte des 19. Jahrhunderts fand der Übergang zur Leistungsgesellschaft statt. Ihre sozialen Strukturen sind nicht wie in der Ständegesellschaft auf Besitz und Herkunft gegründet, sondern idealerweise auf der individuellen Leistung. Auf- und Abstieg, berufliche Positionierung und sozialer Status erfolgen auf Grund individueller Leistungen. Menschen und vor allem Organisationen handeln miteinander aus, was sie unter Leistung verstehen, welchen Wert sie ihr beimessen, welche Art von Leistung gewünscht, geschätzt und honoriert wird.

Ein Wirtschaftssystem, das auf Leistungssteigerung durch Effizienz aufgebaut ist, ist darauf ausgerichtet, die Leistung der Mitarbeiter zu steigern. Schnelleres, effizienteres Arbeiten und Mehrarbeit sollen dazu führen, den Unternehmensprofit zu maximieren. Jeder zehnte Vollzeitbeschäftigte arbeitet mehr als 60 Stunden in der Woche; dazu leiden viele unter ihren Führungskräften, intriganten Kollegen oder dem eigenen Perfektionismus. Wer seine eigenen Bedürfnisse über einen längeren Zeitraum übergeht und dann noch soziale Bindungen radikal minimiert, ist gefährdet, an einem Burn-out zu erkranken. Viele Angestellte haben Angst davor, Nein zu sagen, um sich nicht unbeliebt zu machen, unangenehm aufzufallen oder weniger engagiert zu wirken.

Noch besser in der Leistungsgesellschaft funktionieren

Wenn eine Führungskraft aus dem oberen Management ausfällt, geht das in den sechsstelligen Bereich für Unternehmen. Von daher werden immer mehr Maßnahmen in Unternehmen und außerhalb angeboten, um Führungskräfte robuster zu machen, damit sie noch besser in der Leistungsgesellschaft funktionieren. Coaching und Seminarangebote steigen in ihrer Vielfalt. Entspannungstechniken, Achtsamkeitsübungen, Motivationsworkshops und betriebliches Gesundheitsmanagement dienen dazu, im beruflichen Hamsterrad widerstandsfähiger seine Runden zu drehen.

DIE GRUNDBEDÜRFNISSE DES SELBST

Kein Mensch ist unbegrenzt anpassungs- und entwicklungsfähig. Kinder werden in die bereits über Generationen bestehenden Interaktionsmuster ihrer Bezugspersonen hineingeboren. Sie befinden sich von Anfang an in einer übersichtlichen Welt, in der sie auf das Wohlwollen anderer angewiesen sind. Ihr Überleben und ihre Entwicklungschancen liegen in den Händen riesiger Wesen, deren Sprache sie noch nicht beherrschen. Wenn in dieser Phase lebenswichtige Bedürfnisse nach körperlicher Nähe, Sicherheit, Geborgenheit und Nahrung nicht erfüllt werden, stellen sich Bedrohungs- und Angstgefühle ein. Zudem werden sie, vor allem in den ersten Jahren, ständig mit neuen Situationen, Informationen und Reizen konfrontiert. In dieser unübersichtlichen und von Abhängigkeit geprägten Umgebung schaffen sich Kinder individuelle, wiedererkennbare Strukturen, um die komplexen und vielfältigen Erfahrungen in einen Bezugsrahmen zu sortieren. Dem liegt das psychologische Grundbedürfnis nach Orientierung und Kontrolle zu Grunde.

Eine schützende Anpassungsleistung des Menschen

Im Laufe seiner Entwicklung verliert das Kind die Innenorientierung des Seins und lernt, darauf zu achten, was sein Umfeld von ihm erwartet. Beachtung suchend, bemüht, Anerkennung zu erfahren oder nicht bestraft zu werden, lernen Kinder, sich im Außen zu orientieren und verlernen dabei, auf ihre ureigenen Bedürfnisse zu hören. In dieser Phase zunehmender Autonomie schlussfolgert das Kind aus Beobachtungen und Rückmeldungen. Eine sehr strenge Erziehung macht sich in Charakterzügen wie Pünktlichkeit, Perfektion, Unsicherheit oder Ordnung bemerkbar. Ständige Verbote und Einschränkungen können dazu führen, dass das Kind seine eigenen Bedürfnisse als nicht angemessen wahrnimmt und in Folge dessen anfängt, sich dafür zu schämen. Menschenkinder lernen, sich über die elterliche Zuwendung wahrzunehmen. Auf dieser Basis entwickeln sie Annahmen darüber, wie sie sich selbst, andere Menschen und die Welt wahrnehmen. In ihrer begrenzten Erfahrungswelt werden Verallgemeinerungen abgeleitet, die in Kernüberzeugungen über sich selbst münden.

Das verwickelte Selbst

Menschen werden früh in die Geschichten ihrer Umwelt verwickelt, daraus können Fehlentwicklungen entstehen. Um Unlust zu vermeiden und sich vor schmerzhaften Erfahrungen zu schützen, gibt es eine Reihe an Kompensationsmöglichkeiten durch Ersatzhandlungen. Anstrengung durch Leistung, Anpassung durch Ablenkung, um nur einige zu benennen. Soziale Sehnsüchte werden immer weniger befriedigt, dadurch greift der Mensch zunehmend auf Ersatzbedürfnisse zurück. Hier liegt die Ursache einer krisenhaften Fehlentwicklung des Einzelnen und einer ganzen Gesellschaft.

Die Triebfeder menschlichen Handelns liegt in dem Wunsch nach Erfüllung seiner zentralen Grundbedürfnisse. Im Zwischenmenschlichen geht es vor allem um die Befriedigung des Hungers nach Anerkennung. Bereits in frühen Jahren greifen Kinder unbewusst auf Kompensationsmechanismen zurück, um den Spannungsdruck, resultierend aus unzureichend erfüllten Grundbedürfnissen, über Ersatzwege abzubauen. Es liegt demnach in der menschlichen Natur, inneren Hunger in Ersatzbedürfnisse und Ersatzhandlungen zu verwandeln.

Es gibt unterschiedliche Arten von Anerkennung, sie können sowohl negativer als auch positiver Natur, bedingt oder bedingungslos sein. Erfolgsstreben, Geld und Status sind Überkompensationen für die Befriedigung des Hungers nach sozialer Anerkennung negativer Natur. Anerkennung, Lob und Bewunderung sind Formen bedingter Zuwendung für erbrachte Leistungen. Befriedigungsgefühle für eine erbrachte Leistung sind nicht nachhaltig. Zudem fördert der leistungs-gesellschaftliche Rahmen das individuelle Leistungsverhalten.

Ervolkskrankheit - vom Selbstantrieb zur Selbstüberforderung ist es nicht weit

Es gibt ultimative Maßstäbe in unserer Gesellschaft. Beliebt, erfolgreich und attraktiv zu sein, sind derzeit die vorherrschenden. Manche Menschen ordnen ihr Leben dem Erfolg unter, sie führen ein angepasstes Leben, in der Überzeugung, selbstbestimmt zu sein. Das gesellschaftlich anerkannte Fassadenleben führt dazu, dass viele verbergen, mit welchen Gedanken und Gefühlen sie tatsächlich zu kämpfen haben. Der sichtbare berufliche Erfolg, resultierend aus überhöhten Leistungsansprüchen an sich selbst, steht im Kontrast zu dem, was sich im Inneren abspielt. Prestige und wirtschaftlicher Erfolg werden häufig mit Glücklichsein und Erfüllung gleichgesetzt. Angetrieben vom hohen Anspruch, alles für den Erfolg zu geben, wird der Tagesablauf von der Arbeit bestimmt. Wer es im Leben zu etwas bringen will, muss den Einsatz leisten. Überzeugungen, die auf den persönlichen Weg mitgegeben wurden, verstärken die hohe Leistungsbereitschaft. Jeder ist mit bestimmten Aussagen bezüglich Arbeit und Leistung aufgewachsen, sei es beispielsweise: „Von nichts, kommt nichts" oder „Erst die Arbeit, dann das Vergnügen." Diese Annahmen werden zur Lebensfalle, weil sie übernommen werden, ohne Prüfung der Sinnhaftigkeit. Menschen mit hohen Leistungsansprüchen akzeptieren für sich selbst keine Zweitklassigkeit. Arbeiten werden gründlich und schnell erledigt, es gibt immer eine Verbesserungsmöglichkeit und Fehler werden gefürchtet. Es fehlt jegliche Richtschnur, die zeigt, ob etwas gut genug ist, was logischerweise zu Stress führt, wenn sich die Tätigkeiten häufen.

Wer ausbrennt, hat vorher für etwas gebrannt

Diese Menschen agieren oft oberlehrerhaft, verlieren sich in Details, neigen zur Überfüllung von Zielen. Arbeiten werden nicht abgeschlossen und es fließt viel Aufmerksamkeit in Rechtfertigungen. Gründlichkeit und Vollkommenheit sind die Devisen des Arbeitens. Sie glauben von sich selbst, dass sie nie gut genug sind, weil eigentlich alles noch viel besser gehen müsste. Anstrengung und Müdigkeit werden trotz des hohen Einsatzes nicht realisiert, im Gegenteil, Ruhepausen und unstrukturierte Situationen werden meist gemieden.

Doch Zeitdruck, Nachtarbeit und Anspannung nagen an jedem noch so widerstandsfähigem Menschen, auch wenn er sich seiner Arbeit leidenschaftlich verschrieben hat. Selbstständige und vor allem Gründer sind besonders gefährdet, weil sie meist auf schnelles Wachstum setzen und aus Effizienzgründen Mehrarbeit in Kauf nehmen. Der nächste Erfolg, der noch ein Stück näher rückt, wird mit Willen und Disziplin gesichert. Im täglichen Kampf um den Wettbewerbsvorsprung können Situationen, die nicht direkt beeinflussbar sind, den inneren Druck verstärken. Ebenso ein Mangel an Ideen. Häufig wird von Rastlosigkeit, Stagnation, Gereiztheit, Nervosität und aggressiven Reaktionen berichtet. Die Grenze, ab wann der Stress nicht mehr Motor der Leistungsfähigkeit ist, sondern schädlich wird, ist fließend. Wer ausbrennt, hat vorher für etwas gebrannt. Kein Motor kann dauerhaft auf Höchstdrehzahl fahren. Viele Burnout-Betroffene berichten von einem Zustand innerer Leere. Verständlich, weil das eigentliche Grundbedürfnis nach bedingungsloser Zuwendung und der Wunsch, um seiner selbst willen geliebt zu werden, unerfüllt bleiben.

Das Spiel mit der Hoffnung und Sehnsucht

Dauerhaft unbefriedigte Grundbedürfnisse gehen einher mit anhaltenden negativen Gefühlen, stetiger Anspannung und mit einer erhöhten Anfälligkeit für psychische Störungen. Wird das Bindungsbedürfnis, aus Mangel an sozialen Kontakten, über einen längeren Zeitraum nicht erfüllt, entwickeln sich mit hoher Wahrscheinlichkeit Einsamkeitsgefühle und ferner depressive Verstimmungen. Die ungestillte Sehnsucht nach Liebe, sozialer Anerkennung und Zugehörigkeit setzt einen ganzen Berater-, Coaching,- Trainer und Rednermarkt dazu in Bewegung, Werte, Emotionen und Grundbedürfnisse monetär zu nutzen. Es werden Hallen mit Menschen gefüllt, die Gleichgesinnten ermöglichen, ihr Herz auszuschütten. Über motivierende Ansprachen wird jedem, ungeachtet seiner Möglichkeiten und Grenzen, suggeriert, dass „alles möglich ist, solange man daran glaubt." Eine kurzfristig, emotional befreiende Wirkung, jedoch ohne nachhaltigen Effekt. Ein zusätzlicher Kritikpunkt liegt in der Gefahr, dass sogenannte Speaker ihr eigenes Mangelerleben auf ihre Kunden projizieren und sie als Verehrungsobjekte missbrauchen. Eine Begleiterscheinung, die aus einem nicht regulierten Berufsstand entsteht und auch andere Trendberufe wie Coach, Berater und Trainer betrifft.

PYRAMIDE DER WERTSCHÖPFUNGSELEMENTE

Im Marketing wird die Orientierung an menschlichen Grundbedürfnissen in der Dienstleitung und in der Produktentwicklung bereits erfolgreich genutzt. Aus drei Jahrzehnten Marktbeobachtungen und Verbraucherumfragen hat die Bain & Company, analog der *Maslowschen Bedürfnispyramide*, ein heuristisches Modell entwickelt. Die Bedürfnispyramide des Psychologen Abraham Maslow ist wahrscheinlich das meist verbreitete Konzept zu den menschlichen Grundbedürfnissen.

Es wurden insgesamt 30 Wertschöpfungselemente identifiziert, die wiederum vier Bedürfniskategorien zugeordnet sind: Funktional, Emotional, Lebensveränderung und positiv gesellschaftliche Auswirkung. Die aufeinander aufbauenden Kategorien gewinnen nach oben hin zunehmend an Relevanz. Wertschöpfungselemente geben Orientierung, welche Bedürfnisse für Kunden bei Inanspruchnahme einer Dienstleistung relevant sind. Der eigentliche Wert eines Produktes oder einer Dienstleistung wird dabei über den Erfüllungsgrad menschlicher Grundbedürfnisse bestimmt.

GESELLSCHAFTLICHE WIRKUNG
SELBSTTRANSZENDENZ
LEBENSVERÄNDERUNG
MOTIVATION - SCHAFFT HOFFNUNG
VERERBEN
SELBSTVERWIRKLICHUNG
ZUGEHÖRIGKEIT UND EINBINDUNG
EMOTIONAL
NIMMT SORGEN
BELOHNT
NOSTALGIE
DESIGN UND ÄSTHETIK
IMAGE
WOHLERGEHEN
THERAPEUTHISCHER WERT
SPAß UND UNTERHALTUNG
ATTRAKTIVITÄT
SCHAFFT ZUGANG
FUNKTIONAL
SPART ZEIT
VEREINFACHT
SORGT FÜR EINKÜNFTE
SENKT RISIKEN
ORGANISIERT
INTEGRIERT
VERBINDET
SENKT DEN AUFWAND
VERMEIDET ÄRGER
SENKT KOSTEN
QUALITÄT
VIELFALT
SENSORISCHE KREATIVITÄT
KLÄRT AUF

Funktionale Wertschöpfungselemente sind nur nach außen gerichtet. Sie dienen dem Zweck, die Komplexität für den Verbraucher zu reduzieren: *TurboTax* beispielsweise, ein amerikanisches Steuervorbereitungs-Softwarepaket, erfüllt die wertschöpfenden Elemente nach Zeitersparnis, Risikoreduktion und Organisation.

FIT Bit motiviert mit seinem Tracker zu mehr Bewegung, belohnt sportliche Erfolge und hat ein schönes Design. Der *FIT Bit-Tracker* ist über die produkteigenen Wertschöpfungselemente hinaus in andere wertschöpfende Produkte integriert. Für Teilnehmer des *Weightwatchers-Programms* wird über Synchronisation der Aufwand des Eintragens und Errechnens gesenkt. Eine Zeitersparnis, mittels automatisierter Übertragung der Werte, was sich wiederum positiv auf die Motivation auswirkt.

Mit Wertschöpfungselementen gezielt den Umsatz steigern

Bahnbrechende Neuerungen gelingen selten, zudem sind diese meist kosten- und zeitintensiv. Statt dem Innovations-Jackpot hinterherzujagen, können Dienstleistungen ausgebaut oder Kernprodukte durch das Hinzufügen wertschöpfender Elemente an Attraktivität gewinnen. *Spotify* hat beispielsweise im Jahr 2015 für Jogger ein Feature entwickelt, das den Laufrhythmus analysiert und die passende Musik dazu findet.

Der Online-Versandhändler *Amazon* hat seine Dienstleistung mit *Amazon Prime* nach den Bedürfnissen seiner Kunden ausgerichtet. Ein Großteil der Ware wird kostenfrei versandt, zudem besteht die Möglichkeit, einen vergünstigten Expressversand, mit Lieferung innerhalb einer Stunde, in Anspruch zu nehmen.

Amazon Prime beinhaltet zusätzlich ein großes Unterhaltungsprogramm, das heißt, einen kostenfreien Zugang zu diversen Filmen, Serien und Musik sowie die Auswahl von Produkten aus einer besonderen Angebotsliste. Klug kombinierte Wertschöpfungselemente stärken die Kundenbindung und wirken sich positiv auf das Umsatzwachstum aus.

Ein komplett anderes Geschäftsmodell sind Unternehmen, deren Zweck auf die Wirkung ausgerichtet ist, die in der Gesellschaft entfaltet werden soll. Dabei geht es nicht um Gewinnmaximierung als übergeordnetes Ziel, sondern vielmehr um ethisches und umweltbewusstes Handeln sowie gemäßigtes Profitstreben. Weltweit werden 50 Prozent mehr Ressourcen beansprucht, als uns der Planet zur Verfügung stellt. Der Klimawandel, die Umweltverschmutzung und das Aussterben von Tier- und Pflanzenarten sind Folgen individueller, gesellschaftlicher und unternehmerischer Misswirtschaft. Die Berücksichtigung moralischer Wertvorstellungen in Unternehmen, unter Berücksichtigung der gesellschaftlichen Wirkung, findet zunehmend Beachtung.

Gefahr der Scheinbedürfnisse und Scheinwelten

Konsum und Unterhaltung können aus dem inneren Mangelerleben heraus einen suchtähnlichen Charakter annehmen, der sich in der zuvor beschriebenen Leistungsorientierung äußert. Viele Menschen belohnen ihre Leistungen mit materiellen Gütern. Es werden scheinbar wichtige Gegenstände gekauft, um sich über diese zu definieren. Scheinbedürfnisse entsprechen nie den realen Bedürfnissen, sie richten sich gegen das Selbst, weil sie nie richtig befriedigt werden können. Man muss immer weiter kaufen, dabei geht es in den seltensten Fällen um das Produkt selbst, vielmehr wird in ein Ergebnis investiert. Das, was Menschen interessiert, ist das, was das Produkt oder die Dienstleistung in ihnen befriedigt. Ein kurzweiliges, emotionales Erleben mit Suchtpotenzial.

Die sozialen Medien ersetzen keine echten sozialen Bindungen. Medial ist ein komplettes Ersatzleben in einer konstruierten Scheinwelt möglich. Manche sind erfolgreich, bevor sie einen richtigen Abschluss haben, berühmt, bevor sie etwas geleistet haben, auf diese Art entstehen Ersatzidentitäten. Mit zunehmenden Likes und Followern wächst jedoch der selbstauferlegte Druck, die falsche Identität aufrechtzuerhalten. Ob Realitätsflucht oder Selbstdarstellungsdrang, es besteht die Möglichkeit, über bearbeitete Fotos und Videos in farbenfrohen Facetten eine geschönte Realität zu schaffen.

DIE PSYCHOLOGISCHEN GRUNDBEDÜRFNISSE NACH GRAWE

Menschen, die sich ihrer Selbst nicht bewusst sind, ihre wahren und entfremdeten Selbstanteile nicht kennen, werden zum Spielball äußerer Scheinbedürfnisse. Die Selbstverleugnung und die Verleugnung der eigenen Wünsche und Bedürfnisse, macht auf Dauer unglücklich und krank.

Freiheit braucht innere Orientierung, das Wissen um die persönlichen Bedürfnisse sowie die Akzeptanz der individuellen Fähigkeiten und Begrenzungen. Doch vor allem braucht Freiheit die Annahme von guten sowie scheinbar schlechten persönlichen Eigenschaften.
Körperliche Grundbedürfnisse wie Durst, Hunger und Schlafmangel kennt erfahrungsgemäß jeder. Wenn diese auf Dauer nicht befriedigt werden, führt das zu körperlichen Beeinträchtigungen. Über die physiologischen und existenziellen Grundbedürfnisse hinaus, hat der Mensch psychologische Grundbedürfnisse. Besonders anerkannt und empirisch gut belegt ist der Ansatz des Psychologen Prof. Dr. Klaus Grawe, der insgesamt vier psychologische Grundbedürfnisse unterscheidet. Ihm zufolge sind die Grundbedürfnisse evolutionäre Vorgaben. Sie haben eine große Bedeutung für menschliches Wohlergehen. Wenn einzelne Grundbedürfnisse nicht befriedigt werden, hat das einen großen Einfluss auf die Motivation, woraufhin Handlungen ausgeführt werden, um Befriedigung zu erfahren.

Bindung und Zugehörigkeit
Es entspricht unserer sozialen Natur, nach menschlichen Kontakten, Zugehörigkeit, Spiegelung, Gemeinschaft und sozialer Anerkennung zu streben. Bindung ist der Wunsch nach emotionaler Nähe und Offenheit, autonom zu sein und sich gleichzeitig zugehörig zu fühlen. Während der eine es bevorzugt, zurückgezogen zu leben, braucht der andere regelmäßig soziale Kontakte. Unser Sozialverhalten hat seine evolutionär weitreichenden Wurzeln im Bindungsverhalten der Säugetiere. Es diente dazu, die Entwicklung und das Überleben der Nachkommen zu gewährleisten. Die versorgenden Eltern-Kind- oder familienähnliche Bindungen haben bis heute eine überlebenssichernde Funktion. Gerade in den ersten Lebensjahren sind Kinder darauf angewiesen, von ihren Bezugspersonen versorgt zu werden und zwar über die physiologischen Grundbedürfnisse hinaus.

Wie wichtig Bindung und Liebe für die gesunde menschliche Entwicklung ist, zeigte bereits das Experiment des deutschen Königs und römischen Kaisers Friedrich II. Bei dem Versuch, die Ursprache zu erforschen, wurde eine bestimmte Anzahl von Säuglingen direkt nach der Geburt von ihren Müttern getrennt und zur Versorgung an Ammen übergeben. Sie hatten den Auftrag, die Säuglinge zu füttern und zu säubern, ferner wurde jeglicher Kontakt, jede Art von Zuwendung und Zärtlichkeit strengstens untersagt. Nach kurzer Zeit starben alle Säuglinge.

Kontrolle und Orientierung

Ein weiteres menschliches Grundbedürfnis besteht darin, die Welt verstehen und in gewissem Maße vorhersehen zu wollen und weiterhin das Gefühl zu haben, sie auch beeinflussen zu können. Das Gefühl, einer Situation ausgeliefert zu sein und unter nicht kontrollierbaren

äußeren Einflüssen zu stehen, führt zu Hilflosigkeit, passivem Verhalten und verminderter Lebenslust. Es gibt Unternehmen ohne strategische Ausrichtung oder Unternehmen mit vielen Veränderungsansätzen, die nicht bis zum Ende gebracht werden. Neben Angst und Ohnmacht erleben die Mitarbeiter die beschriebenen Zustände. Wenn die Angst zum Kontrollverlust führt, kann dies wiederum Panikattacken zur Folge haben. Bei dem massiven Personalabbau am Finanzplatz Luxemburg kam es vermehrt zu Panikattacken, nicht selten berichteten Klienten von Schweißausbrüchen bei der Autofahrt bis hin zum gefühlten Kontrollverlust über das Fahrzeug.

Es ist zum einen ein Grundbedürfnis, mit Taten und Worten Einfluss zu nehmen und die Orientierung und Kontrolle im Außen zu erlangen. Ebenso wichtig ist das Bedürfnis, die nach innen gerichtete Kontrolle über den eigenen Körper und die eigene Psyche zu haben. Menschen wollen sich frei bewegen, verlässlich ihre Sinne nutzen, verstehen, was genau in ihnen vorgeht und schließlich Einfluss üben können.

Selbstwerterhöhung und Selbstwertschutz

Menschen haben das Bedürfnis, sich selbst als gut, kompetent, wertvoll und von anderen geliebt zu fühlen. Für jeden ist unmittelbar erfahrbar, dass ein mangelndes Selbstwertempfinden zu einem unangenehmen Erleben führt. Es gibt zwei natürliche Mechanismen: Zum einen schätzen sich Menschen selbst besser ein. Hier widersprechen zumeist Eigen- und Fremdwahrnehmung. Zum anderen neigen Menschen dazu, den Fehler situativ weniger bei sich, als in den jeweiligen Bedingungen zu sehen. Solange die Selbsteinschätzung nicht zu stark von der Fremdeinschätzung abweicht, handelt es sich um einen Selbstschutz. Es kann jedoch zu psychischen Erkrankungen führen, wenn die subjektive Wahrnehmung überwiegend negativer Natur ist. Wertschätzende Rückmeldungen von wichtigen Bezugspersonen sind essentiell, um das Bedürfnis nach Selbstwertschutz und Selbstwerterhöhung zu erfüllen.

Lustgewinn und Unlustvermeidung

Bewusst und unbewusst werden Situationen und Erfahrungen meist mit den Polen gut und schlecht bewertet. Wenn etwas als angenehm erlebt wird, löst eine solche Bewertung in der Regel ein annäherndes Verhalten aus, während unangenehme Reize zu einem Vermeidungsverhalten führen. Lustgewinn und Unlustvermeidung entstehen nicht durch die Situation, vielmehr durch die Bewertung der Situation. Von Geburt an streben wir alle danach, lustvolle Erfahrungen zu sammeln und unangenehme oder schmerzhafte Erlebnisse zu vermeiden. Das Aufschieben von diversen Pflichten wie beispielsweise Aufräumen, Putzen oder Lernen, wirkt auf den ersten Blick wie Faulheit, entspricht aber eigentlich dem Resultat eines gesunden, menschlichen Bedürfnisses.

Genauso können und wollen Menschen über den Augenblick hinaus denken und planen. Sie sind in der Lage, Unlust und lange Wege hinzunehmen, wenn am Ende ein attraktives Resultat lockt. Das Lernen für den Schulabschluss ist ein passendes Beispiel. Auch wenn die damit verbundene Arbeit nicht immer Spaß macht, verschafft sie jedoch eine existentielle Grundlage und ist somit wiederum die Basis für lustvolle Freizeitaktivitäten. Selbst beim Sport und bei der Ernährungsumstellung werden die Zähne zusammengebissen und Verzicht hingenommen, mit der Aussicht auf die persönlichen Ziele.

PRAXISTRANSFER

Es ist wichtig, den Umgang mit Unlustgefühlen zu erlernen, weil im Leben immer Dinge gefordert werden, die zwar keine Freude bereiten, jedoch zielführend sind. Lustvolle Arbeitserfahrungen werden mit Flow-Erleben gleichgesetzt, der Zustand des vollkommenen Aufgehens in einer Tätigkeit. Aus Unternehmersicht werden Mitarbeiter, die besonders gut für eine Aufgabe geeignet sind, bevorzugt beauftragt. Aus Mitarbeitersicht setzt erst die Neigung, gepaart mit der Eignung, die intrinsische Motivation frei. Viele Führungskräfte versuchen aus den unterschiedlichsten Theorien Handlungsmaßnahmen abzuleiten. Dabei setzt die simple Frage, welche Tätigkeit Spaß bereitet, bereits große Wirkung frei. Wenn Eignung und Neigung gleichermaßen berücksichtigt werden, kommt zum Erfolg der Faktor Zufriedenheit hinzu. Zufriedene Mitarbeiter haben in der Regel Freude an ihrer Arbeit und sind dadurch noch motivierter.

Das Bedürfnis nach Orientierung und Kontrolle beinhaltet, dass Menschen die Welt, in der sie leben, verstehen und in gewissem Maße sogar vorhersehen wollen. Die Kontrolle zu verlieren ist gleichbedeutend mit dem Verlust von Eigenmacht, die häufig als Ohnmacht erlebt wird. Gerade in Veränderungsprozessen ist das Informationsbedürfnis der Mitarbeiter sehr hoch. Versäumt das Unternehmen seine Informationspflicht, wird Energie nicht in Arbeit, sondern in Angst gebunden und äußert sich nicht selten in Form von Flurfunk. Mitarbeiter beginnen, untereinander zu spekulieren, dabei geht wertvolle Arbeitszeit verloren und die Stimmung verschlechtert sich. In Unternehmen mit fehlender strategischer Ausrichtung verschlechtert sich im Laufe der Zeit zunehmend die Stimmung und die Arbeitsleistung. Auch wenn es keine Gesamtstrategie gibt, so haben Führungskräfte einen Handlungsspielraum, um Sicherheit durch Vertrauen zu vermitteln. Die Sinnhaftigkeit der Arbeit im Kontext des Unternehmenserfolges zu vermitteln, bedürfnisorientiertes Führen, transparente Kommunikation, vor allem jedoch die Stimmigkeit zwischen Wort und Tat verleihen dem Mitarbeiter Orientierung und Sicherheit.

FAZIT

Es ist kein Kulturwandel, wenn in Unternehmen weiche Themen genutzt werden, um die Leistung der Mitarbeiter zu steigern. Damit Grundbedürfnisse nicht instrumentalisiert werden, mit dem Ziel, Gewinne zu maximieren, muss ein Umdenken in Unternehmen stattfinden. Den Bedürfnissen der Mitarbeiter ist, auf dem Weg zur Zielerfüllung, eine zentrale Bedeutung beizumessen. Es geht in Unternehmen immer um Ergebnisse, deswegen ist eine Bedürfnisorientierung nicht als romantische Vorstellung von Unternehmensführung zu verstehen. Es geht nicht um ein Entweder-oder, vielmehr um ein Sowohl-als-auch. Langfristig erfolgreiche Unternehmen und Führungskräfte richten sich aufgabenzentriert und menschenorientiert aus.

Sie zeigen echtes Interesse für die Bedürfnisse ihrer Mitarbeiter, hinterfragen ihre Motive und fördern ihre Entwicklung. Arbeit schafft Identität und ist immer noch die, in unserer Gesellschaft, gängigste Art, um sich selbst wertig zu erleben. Führungskräfte, die das berücksichtigen, können über eine offene Feedbackkultur, die Würdigung der Mitarbeiterleistung und das Fördern von Potenzialen den Selbstwert ihrer Mitarbeiter stärken. Der positive Umgang mit Fehlern im Unternehmen und die Ermutigung als Führungshaltung führen über Zutrauen zu Selbstvertrauen. Selbstwert und Selbstvertrauen bilden sich aus Lern- und Erfahrungsprozessen.

NOTIZEN

ZITRONEN – WISSEN ALLEINE VERÄNDERT NICHT

Das Älterwerden ist ein gleichberechtigt verteilter Lebensprozess. Reife wird entweder gezielt gefördert oder sie entwickelt sich durch äußere Umstände, Sinnfragen und die Midlife-Crisis. Verarbeitete Krisen fördern die Flexibilität im Denken und Handeln. Viele lebenswichtige Prozesse verlaufen zyklisch von den Hirnwellen über den Herzrhythmus bis hin zu sich wiederholenden Schlafzyklen, die für unsere körperliche und mentale Erholung sorgen. Unsere persönliche Entwicklung verläuft, ebenso wie unsere Stimmungen, in Entwicklungszyklen.

ZITRONEN UND BENGALISCHE NÜSSE

Modelle und Theorien sind ein wichtiges Mittel zur Veranschaulichung von Sachverhalten. Sie dienen der Komplexitätsreduktion und generieren dadurch idealerweise einen Informationsgewinn. Jedoch sind sie meist abstrakt und berücksichtigen nicht alle Aspekte der Realität. Ein Körpergefühl zu Theorien entsteht erst, wenn Referenzerfahrungen daran geknüpft werden. Menschen verändern sich nicht über Wissen. Wenn das funktionieren würde, dann wären komplette Branchen überflüssig.

Laut Prof. Dr. Rudolf Steiger, Experte für Menschenführung und Kommunikation, werden seit den 90er-Jahren zahlreiche Management-Seminare angeboten, teilweise ohne erkennbare Veränderungen der Zielsetzungen und Inhaltsangaben – im 21. Jahrhundert werden diese als Leadership-Seminare angeboten. Insbesondere Fredmund Malik währt sich dagegen, dass Management im Zuge eines Modetrends immer häufiger als Leadership und jeder Manager als Leader bezeichnet wird. Wenn sich in fast 30 Jahren Führungskräftemaßnahmen nicht etwas in den Führungsetagen ändert, sollte man anfangen, gute Fragen zu stellen. Das Gleiche gilt für die Gesundheitsbranche, denn nie zuvor war das Nahrungs-, Sport und Coaching-Angebot so vielfältig. Dennoch sind ein Drittel der erwachsenen Bevölkerung von einer psychischen Krankheit, zwei Drittel der Männer und etwa die Hälfte der weiblichen Bevölkerung von Übergewicht und fast jeder Fünfte von Krankheiten am Bewegungsapparat betroffen.

Die Vorstellungskraft ist der Treibstoff für Veränderung. Ohne körperliche Gewissheit, in Form von Gefühlen, gibt es keine Veränderung. Zuversicht, Erwartungen, Vertrauen, das sind alles Gefühlsmomente, die bei verständlich vermittelten Informationen entstehen können. Der Körper hat ein unbewusstes Gedächtnis, für das kein bewusstes, in Worten erfassbares, Wissen erforderlich ist. Wenn Sie als Kind Fahrrad fahren gelernt haben, stellen Sie auch nach Jahren fest, dass Sie tatsächlich noch Fahrrad fahren können. Die dafür notwendigen Bewegungsabläufe stellen sich automatisch wieder ein. Von daher braucht jegliche Veränderungsbereitschaft Zitronen.

VORSTELLUNGSKRAFT

Betrachten wir das an einem erlebbaren Beispiel. Stellen Sie sich in Gedanken eine reife, saftige Zitrone vor. Schneiden Sie mit einem scharfen Messer die poröse Oberfläche in zwei Hälften. Nehmen Sie die Zitrone in die Hand. Fühlen Sie dabei die unebene poröse Oberfläche, fühlen Sie das Gewicht der Zitrone und ihren Umfang. Sie können die Zitrone gerne mit ihren Fingern zusammendrücken und jetzt führen Sie die Zitrone an ihre Nase. Reiben Sie die Schale dicht unter Ihre Nase, bis der frische Duft sich seinen Weg in Ihre Atemwege bahnt. Jetzt legen Sie die Zitrone auf den Tisch, der vor Ihnen steht, und schneiden Sie die Zitrone in der Hälfte durch. Der Saft spritzt an Ihren Fingern vorbei und der saure Duft entfaltet sich direkt vor Ihnen. Nehmen Sie eine Hälfte und beißen Sie genussvoll hinein. Vielleicht reagiert Ihr Körper mit Speichelfluss, vielleicht zieht sich auch nur Ihr Mund zusammen, vielleicht reagiert sogar Ihr ganzer Körper darauf. Sie haben sich die Zitrone nur vorgestellt. Das, was im Körper geschieht, geschieht durch Gewissheit. Das körpereigene Wissen zu der Zitrone löst die Reaktionen des Organismus aus.

Versuchen Sie jetzt an eine riesige bengalische Nuss zu denken. Drücken Sie die Nuss auf und betrachten Sie den Inhalt. Nehmen Sie ein Stück heraus und kosten Sie davon. Wenn Ihnen die Frage im Kopf herumschwirrt, was eine bengalische Nuss denn überhaupt ist, dann geschieht dies zurecht. Selbst der Psychologe Mirsakarim Norbekov, von dem dieser Vergleich stammt, weiß nicht, was eine bengalische Nuss ist. Fakt ist: Zu der bengalischen Nuss gibt es keinen körperlichen Bezug. Ebenso wenig reagiert der Organismus auf die abstrakte Management-Sprache, die voll ist von Worthülsen. Sie können es gerne selbst testen und versuchen, zu folgenden Worten ein Körpergefühl entstehen zu lassen: Digital Leadership, agiles Leadership, Employer Branding. Nur einige der aktuellen bengalischen Nüsse am Markt.

Change Curve – die bengalische Nuss

Change Management-Modelle sollen bei der Ordnung, Orientierung und Kommunikation in Veränderungsprozessen unterstützen. Die unterschiedlichen Modelle unterscheiden sich in der Methodik, den Hintergründen, den Instrumenten und der Zeitintensität. Es gibt auch Modelle, die emotionale Reaktionen auf Veränderung erklären. Der Wunsch, emotionale Reaktionen einschätzen zu können und vor allem zu wissen, wie man darauf reagieren soll, wird immer größer. Wir blicken auf eine Vielzahl von Jahren zurück, in denen Rationalität und Emotionalität im beruflichen Kontext getrennt wurden. Führungskräfte, denen es schwer fällt, ihre Mitarbeiter zu erreichen und mitzunehmen, mangelt es meist an sozioemotionaler Kompetenz. Von daher macht es wenig Sinn, die Ratio mit bengalischen Nüssen, also mittels Theorien und Modellen, zu füttern. Erst durch das Wiedererleben eigener Erfahrungen wird das körpereigene Emotionsbewusstsein reaktiviert. Das vereinfacht es, komplexe, soziale Interaktionen besser zu verstehen und mit diesen umzugehen.

Eine Krise ist gleichzusetzen mit Wandel

Jeder hat Krisen in unterschiedlicher Intensität in seinem Leben durchlebt, davor bleibt keiner verschont. Auch wenn man nicht unmittelbar selbst von der Krise betroffen ist, werden Menschen, die einem nahestehen, krank oder sterben. Belastende Ereignisse sind wie ein Weckruf, sie bergen die Chance in sich, zu entdecken, was wirklich wichtig ist im Leben. Folgende Reflexion schafft Bewusstsein für den eigenen Umgang und das Erleben von Krisen.

ANGST
WUT
WARUM ICH?
AUSGELIEFERT SEIN
VERDRÄNGUNG
VERLEUGNUNG
AUF JETZT
REDEN
REFLEKTIEREN
VERSTEHEN
AUF STÄRKEN BESINNEN
HILFE
STOLZ
ERLEICHTERUNG
KLARHEIT
NEUE ENERGIE
WAS DAZU GELERNT
NEUE WEGE
EXPERIMENTIEREN

REFLEXION

A = Gehen Sie gedanklich an den Punkt zurück, als die Krise begonnen hat! Was haben Sie zu dem Zeitpunkt gedacht und gefühlt? Notieren Sie ihre Gedanken und Gefühle.

B = Gehen Sie gedanklich an den Punkt, als die Krise überwunden war! Sie haben es geschafft und die Krise gemeistert. Was haben Sie zu dem Zeitpunkt gedacht und gefühlt? Notieren Sie ihre Gedanken und Gefühle.

C = Was hat Ihnen dabei geholfen, von A nach B zu gelangen? Notieren Sie alles, was Sie dabei unterstützt hat, die Krise zu überwinden.

CHANGE CURVE – DIE ZITRONE

Wenn die Aussagen von den Punkten A und B in einer Kurve verbunden werden, dann entsteht die *Change Curve*. Aus der bengalischen Nuss wird, durch die Reflexion, eine Zitrone mit körpereigenem Gefühl. Die vier Phasen der Veränderung spiegeln sich in den Aussagen wider. Angelehnt an die Ergebnisse der soziologischen Trauerforschung von Elisabeth Kübler-Ross, wurde das Modell von unterschiedlichen AutorInnen im beruflichen Kontext transformiert.

Phase 1: Ablehnung
Eine Veränderung, die als nicht steuerbar erlebt wird, führt vom ersten Schock in die Phase der Ablehnung. Betroffene wollen die Veränderung nicht wahrhaben. Mitarbeiter lehnen sich in dieser Phase meist zurück und nehmen eine abwartende Haltung ein. Die aktuelle Situation und die eigenen Kompetenzen werden überschätzt, viele tendieren dazu, sich die Vergangenheit schönzureden. Weitere typische Reaktionen in der Phase sind Verdrängung, Ausblenden und das Kleinreden des Veränderungsvorhabens.

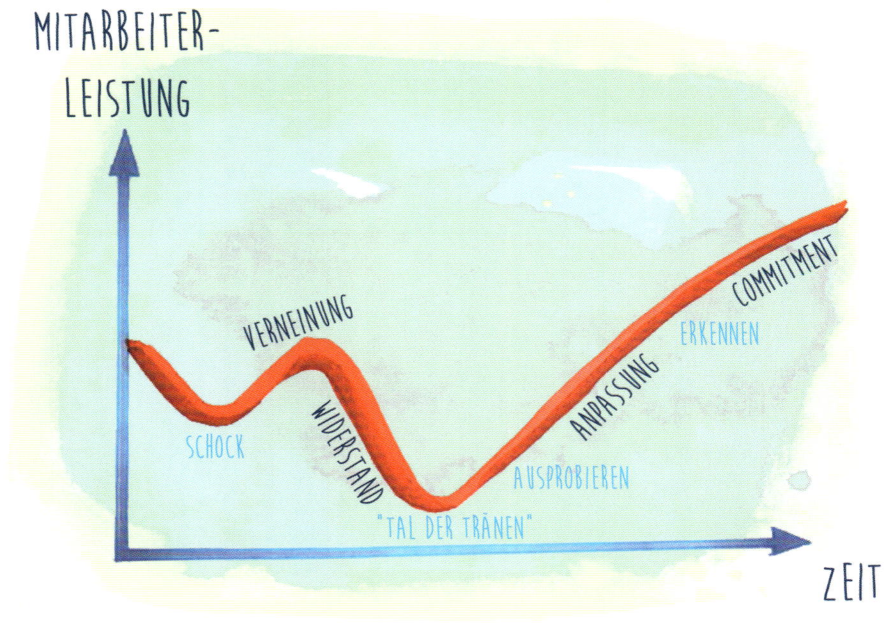

Phase 2: Widerstand

In der ersten Phase können Mitarbeiter nicht dauerhaft verweilen. Ungeachtet der persönlichen Sicht, schreitet die Veränderung voran. Wenn ins Bewusstsein dringt, dass die Veränderung nicht aufzuhalten ist und man selbst ein Teil dessen ist, zeigen Mitarbeiter häufig Abwehrreaktionen. Zum einen in Form von emotionalem Widerstand, ausgedrückt durch Wut, Aggression, Frustration oder auch Verzweiflung und Arbeitsverweigerung, zuweilen auch in Form von Mehrarbeit. In dieser kritischen Phase kann der Veränderungsprozess ins Stocken geraten und sogar zum Stillstand kommen, wenn, der Situation angemessene, Interventionen ausbleiben.

Phase 3: Entdeckung

Wenn erkannt wird, dass es kein Zurück gibt, wird die Veränderung allmählich rational akzeptiert. Die Einsicht, dass die Veränderung notwendig ist, bestärkt die Mitarbeiter darin, Altes und lieb Gewonnenes loszulassen und Neues auszuprobieren. In dieser Phase können die meisten noch nicht abschätzen, welche Folgen die Veränderungen für sie haben. Das kontinuierliche Ausprobieren und Einüben lässt die bengalischen Nüsse zu Zitronen werden. Zudem steigt die wahrgenommene eigene Kompetenz über das Tun und somit auch die Erkenntnis, dass man sich gut zurechtfindet. Dies wirkt sich wiederum positiv auf das emotionale Erleben aus und führt zu einer höheren Selbstsicherheit.

Phase 4: Commitment

Haben sich die Mitarbeiter an die neuen Abläufe gewöhnt und Routinen gebildet, entsteht die emotionale Akzeptanz und sie können ihren Blick in die Zukunft richten.

Das Neue entwickelt sich allmählich zur Normalität, erste Lernerfolge führen zu mehr Selbstvertrauen. Die Leistung des Unternehmens steigt nun allmählich über das ursprüngliche Niveau hinaus und die positive Stimmung verstetigt sich.

Mitarbeiter durchlaufen zumeist die vier Phasen der Veränderung in unterschiedlicher Intensität. Es wird immer Befürworter geben und solche, die emotional abgeholt werden müssen. Die unterschiedlichen Stimmungen, die im Veränderungsprozess auftreten, zu erkennen und durch geeignete Interventionen zu begleiten, ist Gegenstand der nachfolgenden Reflexion.

AB-
LEHNUNG
COM-
MITMENT
WIDERSTAND
ENT-
DECKUNG

REFLEXION

Wie führen Sie sich selbst durch die vier Phasen der Veränderung?
Reflektieren Sie, was Sie in der jeweiligen Phase getan haben, um sich selbst den Übergang in die nächste Phase zu erleichtern. Beispiel: Sich In der Phase des Widerstandes damit auseinandersetzen, was passieren würde, wenn sich das Unternehmen nicht verändert.

1. Phase: Ablehnung

2. Phase: Widerstand

3. Phase Entdeckung

4. Phase: Commitment

Wie führen Sie ihre Mitarbeiter durch die vier Phasen der Veränderung?
Erarbeiten Sie Maßnahmen, mit dem Ziel, die Übergänge zu begleiten. Beispiel: In der Phase der Ablehnung eine transparente Kommunikation und das große Ganze des Veränderungsvorhabens aufzeigen.

1. Phase: Ablehnung

2. Phase: Widerstand

3. Phase Entdeckung

4. Phase: Commitment

MENSCHEN VERÄNDERN SICH NICHT, SIE FINDEN VERMEHRT ZU SICH SELBST

Die Persönlichkeitspsychologie geht davon aus, dass sich die Grundzüge der Persönlichkeit früh ausbilden und den Rahmen vorgeben, in denen Veränderung möglich ist. Es gibt Menschen, die vor allem sozial begabt sind, andere sprachlich und wieder andere verfügen über besondere motorische Fähigkeiten. Dies zeigt, dass die Persönlichkeit nicht entwickelt wird, sie ist bereits früh vorhanden. Persönlichkeiten werden auf unterschiedliche Weise von der engeren oder weiteren Umwelt geprägt. Neben den Genen werden kognitive, emotionale und soziale Merkmale maßgeblich von nahen Bezugspersonen und von der Gesellschaft beeinflusst. Wie sich im Einzelnen die Persönlichkeit entwickelt, hängt im Wesentlichen von den epigenetischen Vorgängen vor der Geburt und den frühen Bindungserfahrungen und zudem von späteren sozialen Erfahrungen ab. Wobei den ersten beiden Einflussfaktoren eine besonders wichtige, wenngleich nicht endgültige, Wirkung zukommt. Die Epigenetik ist ein Fachgebiet der Biologie, welches sich mit der Frage befasst, welche Faktoren die Aktivität eines Gens und damit die Entwicklung der Zelle zeitweilig festlegen.

ICH und MICH

Naturgemäß reden Menschen über und auch mit sich selbst. „Ich kann sehr gut für mich sorgen." Eine gängige Aussage, doch wenn man sie näher betrachtet, drängt sich die Frage auf, wer oder was das ICH und das MICH ist? Der Philosoph und Psychologe William James traf erstmalig die Unterscheidung des subjektiven erkennenden Selbst, dem Ich, und dem objektiv erkannten Selbst, dem Mich. Das Ich, der handelnde Teil des Selbst, interpretiert und ordnet die Erlebnisse. Es denkt, fühlt und plant. Weitere Aspekte, die das Ich ausmachen, sind unter anderem Wünsche, Absichten und Ziele. Wohingegen das Mich die Vorstellung widerspiegelt, die jeder von sich selbst hat. Das Ich ist der Dirigent und im Stande, das Mich zu erschaffen, somit wird die Identität zur Komposition des Dirigenten.

Ich-Entwicklung

Welche Struktur dieses Ich hat, wie es sich zusammensetzt und was das Ich ausmacht, wurde unter anderem in den 60er-Jahren empirisch von Jane Loevinger erforscht. Ihr ging es hauptsächlich darum, das Ich zu erfassen, zu verstehen und valide messen zu können. Es war nicht in ihrem Sinne, das Ich zu definieren und dadurch künstlich abgrenzende Einheiten zu schaffen. Ihr Modell der *Ich-Entwicklung* beschreibt den persönlichen Reifegrad der Handlungslogik einer Person über eine bestimmte Anzahl von Entwicklungsstufen hinweg. Qualitative Sprünge in der Ich-Entwicklung werden als Entwicklungsstufen bezeichnet. Auf jeder dieser qualitativ unterscheidbaren Stufen verändert sich die Art und Weise, wie ein Mensch seine äußeren und inneren Erfahrungen wahrnimmt, ihnen Bedeutung verleiht und mit ihnen umgeht. Dieser Prozess des Organisierens basiert auf dem menschlichen Bedürfnis, Gegenwärtiges zu verstehen und daraus einen plausiblen Sinngehalt zu erzeugen.

Wie Menschen mit den zentralen Fragen, Themen und Aufgaben in unterschiedlichen Kontexten umgehen und wie sie Sätze fortführen, gibt Auskunft über die Entwicklungsstufe der jeweiligen Ich-Struktur. Für das vorliegende Werk ist die Differenzierung der unterschiedlichen Entwicklungsstufen nicht von Bedeutung. Vielmehr geht es darum, zu verstehen, dass Menschen von selbst altern, jedoch nur durch verarbeitete Krisen, erfahrungsbasiertes Wissen und gezielte Entwicklung reifen. Dieses illustrierte Workbook soll zum einen zum Selbstverständnis beitragen und zum anderen die Selbstbewusstheit erhöhen. Bewusstheit kommt vor Veränderung, die Transferübungen sorgen dafür, dass mehr Zitronen erzeugt werden.

DIE ZWEI-STRANG-THEORIE

Es gibt zwei Motivationen, aus denen Menschen handeln: Angst und Liebe. Völlig wertneutral liegt der Unterschied in der Motivationsrichtung. Der unterschiedliche Fokus der beiden Handlungsmotive steht in enger Verbindung mit der Selbstwirksamkeitserwartung, der Einstellung zur Wirksamkeit des eigenen Handelns. Menschen mit niedriger Selbstwirksamkeitserwartung sind davon überzeugt, dass sie nicht viel mit ihren Fähigkeiten bewegen können. Um das Grundbedürfnis nach Selbstwerterhöhung und Selbstwertschutz zu befriedigen, entwickeln sie motivationale Bewältigungsstrategien. Aus Angst, erneut verletzt zu werden oder ein Ziel erneut nicht zu erreichen, entsteht ein Vermeidungsverhalten aus einer „weg von"-Motivation. Sie glauben, dass ihr Leben von äußeren Umständen oder anderen Personen bestimmt wird. Menschen mit hoher Selbstwirksamkeitserwartung haben eine optimistische Haltung, in Bezug auf ihre Möglichkeiten, Krisen zu bewältigen und mit Problemen umgehen zu können. Aus dem Überflussgefühl der Fülle entspringt ihr Verhalten aus einer „hin zu"-Motivation, dem Annäherungsverhalten.

Erst die Umsetzung des Wissens führt zu Selbstvertrauen als Basis des Selbstbewusstseins. Erfolgreiche Bewältigungsstrategien werden vom Gehirn mit Dopamin belohnt und als Glücks- oder Flow-Erfahrung abgespeichert. Sich seiner Selbst bewusst zu sein, bedeutet, seine Fähigkeiten und Kompetenzen zu kennen, was wiederum die Selbstwirksamkeitserwartung stärkt. Ein erfülltes Leben setzt Kenntnisse über die persönlichen Kompetenzen, Fähigkeiten und Grundbedürfnisse voraus sowie die Fähigkeit, diese dann in Einklang mit der Umwelt zu bringen.

BIN ICH GENUG?
MANGELNDES SELBSTVERTRAUEN
BIN ICH ICH?
VERSAGENSÄNGSTE
AKZEPTIEREN MICH ANDERE WIE ICH BIN?
AB-LEHNUNG
ZURÜCK-WEISUNG
VERLASSEN WERDEN
VERLETZT WERDEN
ECHTHEIT
GENIEßEN IM HIER UND JETZT
SELBST-VERTRAUEN
LIEBE
GLÜCKLICH SEIN
BEDING-UNGSLOS
AUTHEN-TIZITÄT
SICH SELBST LIEBEN
Mangel
Fülle
Angst
Liebe

Loslassen und Klammern

Loslassen ist keine Methode und keine Technik. Manchmal gelingt es, loszulassen und manchmal eben nicht. Wenn es nicht gelingt, dann ist das Gegenteil von Loslassen Klammern. Klammern ist eine kindliche Überlebensstrategie, wenn Kinder Gefahr verspüren und ängstlich sind, suchen sie Schutz bei ihren Bezugspersonen. Weil Sicherheit ein biologisch verankertes Grundbedürfnis ist, löst Unsicherheit bei der großen Mehrheit der Menschen Unbehagen oder Angst aus. Die Angst ist ein wichtiges Gefühl, weil sie vor Gefahren warnt und Menschen zur Vorsicht veranlasst. Es gibt natürliche Ängste, wie die Angst vor Dunkelheit und Geräuschen und auch bis zu einem gewissen Grad Trennungs- und Verlustängste. Wann immer im Leben die Angst auftaucht, wird das Bindungssystem aktiviert.

Kinder sollten so früh wie möglich sozialisiert werden. Die Eltern übernehmen die erste Vermittlung von Werten, Normen und Regeln ihrer Kinder. Zudem lernen sie, was Geborgenheit ist und was es bedeutet, anderen Menschen zu vertrauen. Darüber hinaus, wie sie ihren Gefühlen, Bedürfnissen und Wünschen sozialverträglich Ausdruck verleihen. Weitere Ziele der Sozialisation liegen in dem Erlernen der Sprache und der Anpassung an die Gesellschaftsordnung. Es wäre der Situation nicht angemessen, seiner Führungskraft die Schaufel über den Kopf zu ziehen oder bei Kritikgesprächen in Tränen auszubrechen. Sich selbst zu rechtfertigen ist ebenfalls eine kindliche Bewältigungsstrategie. Handlungsfähige Wesen lernen früh, eigenständig auf sich und die Umwelt einzuwirken. Durch Begrenzung und Förderung erlebt das Kind, über seinen wahrnehmenden und handelnden Umgang mit seiner sozialen Umwelt, entscheidende Formen der Beeinflussung. Es lernt, dass die Umwelt Verhaltensweisen definiert und das eigene Handeln beeinflusst und dass das eigene Verhalten und Handeln wiederum die Umwelt beeinflusst.

FALLBEISPIEL

Lisa ist ein fröhliches und aufgewecktes Kind. Sie hüpft ausgelassen im Wohnzimmer umher und gluckst dabei freudig vor sich hin. Ihre Mutter liegt auf der Couch und versucht, sich von ihrem anstrengenden Arbeitsalltag zu erholen. Ihre Schläfen pochen, der gesamte Kopf droht vor Schmerzen zu zerspringen. Gereizt schreit sie Lisa nach einer Weile an, sie solle endlich Ruhe geben. Dabei fasst sie sich an den Kopf und wendet sich, mit dem Rücken zu Lisa, der anderen Seite zu. Lisa zuckt vor Schreck zusammen. Beschämt schlurft sie mit gesenktem Kopf und hängenden Schultern in ihr Zimmer, wo sie sich in ihr Bett kauert.

Lisas Eltern haben sich kürzlich getrennt, seitdem ist ihre Mutter gereizt und übellaunig. Seit der Trennung hatte sie mit starken Kopfschmerzen zu kämpfen, deswegen verlor sie in letzter Zeit häufiger die Kontrolle. Natürlich liebt sie ihre Tochter über alles, doch sie lebte in ihrer eigenen kindlichen Welt. Kinder treffen Entscheidungen aus dem Informationsverarbeitungsprozess, der ihnen zur Verfügung steht. Lisa ist fünf Jahre alt, sie glaubt an den Weihnachtsmann und identifiziert sich mit Heldinnen aus Kinderfilmen. Sie reagiert auf die Erwartungen und Anforderungen ihrer Mutter und bezieht sich dabei hauptsächlich auf ihre Stimmung, Gestik und Mimik. Die mehrfache Bestrafung ihres lebendigen Verhaltens führte dazu, dass sie anfing, sich zurückzunehmen. Sie wurde scheu und das Reden mit anderen fiel ihr zunehmend schwerer.

Kinder sind die besten Unternehmer. Sie unternehmen alles, um die Aufmerksamkeit ihrer Eltern zu bekommen

Kinder haben Angst davor, eine Strafe an Stelle einer Belohnung zu bekommen. Eine gute Bindung entsteht durch den Austausch von freundlichen Verhaltensweisen. Das Ausschimpfen sowie Bestrafungen fördern die Angst vor Zurückweisung und die Angst, sich selbst nicht als gut genug zu erleben. Durch Wohlverhalten und Anpassung an die übergeordneten Werte, Normen und Regeln der Eltern versuchen Kinder, die Aufmerksamkeit und Bestätigung ihrer Eltern zu erlangen. Sie verlieren die Innenorientierung des Seins und lernen, in der Außenorientierung darauf zu achten, wie es den Bezugspersonen geht. Die eigenen Bedürfnisse und Empfindungen werden durch Fremdbeobachtung und Außenorientierung ersetzt. Wer in seiner Kindheit viel Zurückweisung erlebt hat, tendiert zum Vermeiden. Kinder sind auf ihre Bezugspersonen angewiesen, deswegen versuchen sie diese bei Laune zu halten und vermeiden weitere Zurückweisungen, indem sie ihre Angst sowie ihr Bedürfnis nach Nähe oder Trauer unterdrücken.

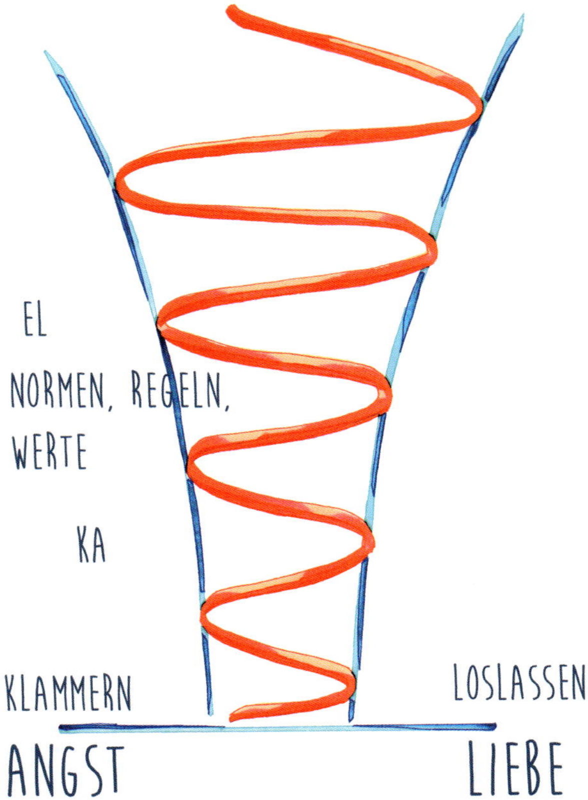

Durch Androhung von Strafe, Abwertung und die Angst vor Liebesentzug oder auch durch Lob, Auszeichnung und materielle Belohnungen verformt sich das kindliche Verhalten aus einem inneren Mangelerleben heraus. Vom einzigartigen Unikat entwickeln sie sich im Laufe der Jahre zu einer Kopie der Erwartungshaltungen und Überzeugungen ihrer direkten Bezugspersonen und der Gesellschaft.

Lebenszyklus

Das Leben verläuft in Zyklen, es gibt gute und weniger gute Zeiten. In Krisen ist das subjektiv erlebte Gefühl gleichzusetzen mit dem vorherrschenden emotionalen Zustand. Körperliche Zustände entstehen durch Hormone wie Adrenalin bei Wut und Oxytozin bei Liebe, die den Körper direkt in einen Erregungszustand versetzen. Jeder emotionale Zustand hat sein eigenes Rezept, vergleichbar mit einem chemischen Cocktail, der durch unterschiedliche körperliche Reaktionen wie Zittern, Erröten und Herzrasen verstärkt wird und zum Emotionsausdruck beiträgt. Krisen sind emotionale Prozesse, die immer eine Wachstumschance beinhalten. Eine verarbeitete Krise fördert die Flexibilität im Denken, Fühlen und Handeln.

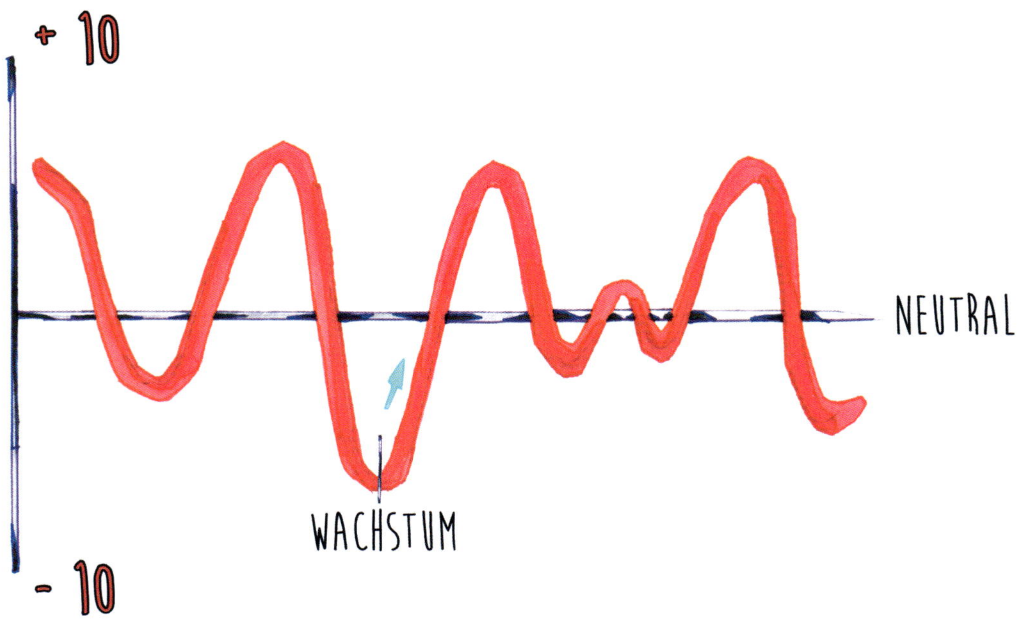

IN-Formation oder TRANS-Formation

Es gibt zwei Entwicklungsrichtungen, die zu unterschieden sind: die horizontale und die vertikale Entwicklung. Lernen findet laut dem Psychologen und Harvard Professor Robert Kegan auf der horizontalen Ebene statt. Dabei steht die quantitative Entwicklung im Vordergrund, ähnlich einem Gefäß, das mit mehr IN-Formationen gefüllt wird und dabei seine ursprüngliche Form beibehält. Sozusagen die Aneignung von weiteren Erfahrungen, Wissen, Kompetenzen und Erkenntnissen. Bei der IN-Formation wird neuer Inhalt in ein Gefäß gefüllt, bei der TRANS-Formation entsteht ein neues Gefäß aus den vorherigen. Es entwickelt sich ein neues Bewusstsein, dass die Erfahrungen vorherigen Wissens integriert. Das führt zu einer differenzierteren Sicht auf sich selbst und die Umwelt. Lernen findet auf einer neuen Ebene statt.

Generell durchläuft jeder Mensch im Kindes- und Jugendalter mehrere solcher Transformationen, wobei die jeweils spätere Stufe die Logik der jeweils vorherigen Stufen erweitert. Ähnlich der Matroschka, die berühmte russische Schachtelpuppe, auch als Babuschka bekannt. Jede weitere Stufe ist komplexer, differenzierter und integrierter als die früheren Entwicklungsstufen. Zwischen dem 20. und 25. Lebensjahr kommt es im menschlichen Entwicklungsprozess meist zum Stillstand. Es werden lediglich Kompetenzen erweitert, Auffassungen verändert und Wissen ergänzt. Der Entwicklungsgrad an sich bleibt jedoch stabil. Wenige Erwachsene entwickeln sich im Reifegrad weiter, daher gibt es bei Erwachsenen eine große Bandbreite unterschiedlicher Entwicklungsstufen.

Die Illusion der Sicherheit sitzt in der Komfortzone

Auf Basis ihrer individuellen Grundbedürfnisse bilden Menschen Gewohnheiten, die es ihnen erleichtern, mit ihrer Umwelt zu interagieren und sich dabei gut zu fühlen. Dieser, durch Gewohnheiten definierte Bereich, wird als Komfortzone bezeichnet. In dieser Komfortzone ist es bequem, weil es kaum Anstrengung benötigt, um etwas zu tun. In der Komfortzone zu verweilen, ist gleichbedeutend mit Stillstand, solange es sich nicht um eine bewusste Entscheidung handelt. Es wird das gemacht, was man bereits besonders gut kann oder einem leicht von der Hand geht, um seinen Selbstwert zu erhöhen und sich gleichzeitig zu schützen. Der Selbstschutzapparat dient zur Abwehr der eigenen Unsicherheit, die wiederrum die vermeintliche Illusion der Sicherheit stärkt.

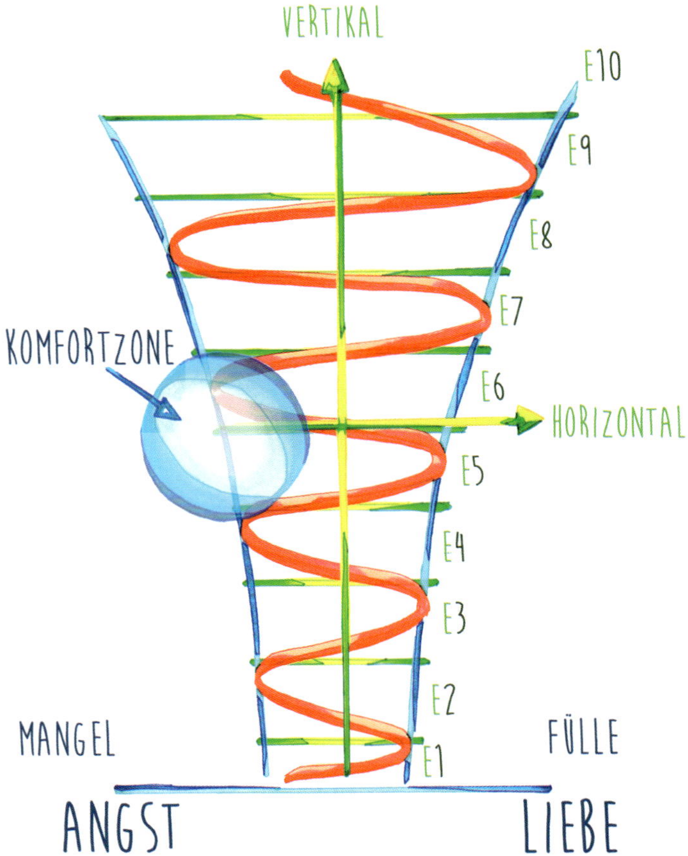

Reflexion statt Analyse

Ideenweltmeister und Umsetzungsverlierer

In Unternehmen finden Qualifizierungsmaßnahmen auf der Wissens-, Kompetenz- oder Verhaltensebene statt und führen nicht zu qualitativ neuem Denken. Es sind Reflexionsprozesse oder Strukturen experimentellen Erlebens notwendig, um ein differenzierteres und adäquateres Abbild der Wirklichkeit zu ermöglichen. Von daher sind die meisten Transformationen, die als solche verkauft werden, keine.

Zwischen der Angst zu versagen und dem Mut etwas zu wagen, liegt erfahrungsbasiertes Wissen, sprich Zitronen. Mutige Menschen überwinden ihre Ängste, um Neues auszuprobieren. Mutige Unternehmen haben eine gesunde Fehlerkultur, um die Flexibilität und Umsetzungsstärke ihrer Mitarbeiter gezielt zu fördern. Wer alles unter Kontrolle haben will, ist zu langsam. Kontrolle kommt meist aus dem Mangel an Vertrauen und dieser Mangel bremst jeglichen Fortschritt.

Beim Lösungsversuch eines Problems wird man zwangsläufig an seine Grenzen geführt. Diese zwingen einen zum Umdenken. Bei Fehlern hat der Handelnde jedoch keine Prozesswahrnehmung, erst bei der Verfehlung wird der Fehler als solcher erkannt, weil ein unerwartetes Ereignis eintritt. Erst aus der Aufarbeitung von Fehlern werden Schlüsse gezogen, die nötig sind, um beim nächsten Mal alles richtig zu machen. Die Reflexion und Information ist daher ein wesentlicher Bestandteil der Fehlerkultur.

Analyse ist die wissenschaftlich-systematische Untersuchung eines Sachverhaltes, der in seine Bestandteile zerlegt, hinterfragt und ausgewertet wird. Die Analyse beschäftigt sich mit Zahlen, Daten und Fakten, liefert Ergebnisse und ergänzt vorhandenes Wissen. Reflexion regt die Wahrnehmung innerer Prozesse an, diese zu aktualisieren und in die ICH-Struktur zu integrieren.

4-MAT-System

Das *4-MAT-System* geht auf Dr. Bernice McCarthy zurück und hat seinen Ursprung in der Lernpädagogik, aufbauend auf David Kolbs Lernstilen. In seiner Einfachheit bietet es eine praktische Hilfestellung, sich zu reflektieren, neue Inhalte zu erarbeiten, Präsentationen vorzubereiten und Workshops zu konzeptionieren. Bernice Mc Carthy ging von vier Grundtypen aus, die neue Informationen nach unterschiedlichen Aspekten aufnehmen und verstehen, sich unterschiedlich motivieren und Entscheidungen treffen.

Es gibt insgesamt vier Dimensionen, denen unterschiedlichen Lern- und Entwicklungspräferenzen zugeordnet werden können. Zwei äußern sich darin, wie Erfahrungen gesammelt werden; abstrakt, analytisch oder konkret, praktisch. Die anderen beiden befassen sich damit, wie diese Erfahrungen verarbeitet werden. Zum einen ein nach innen gerichtetes Beobachten und Reflektieren und zum anderen ein nach außen gerichtetes Handeln. Diesen vier Quadranten werden vier Lerntypen zugeordnet.

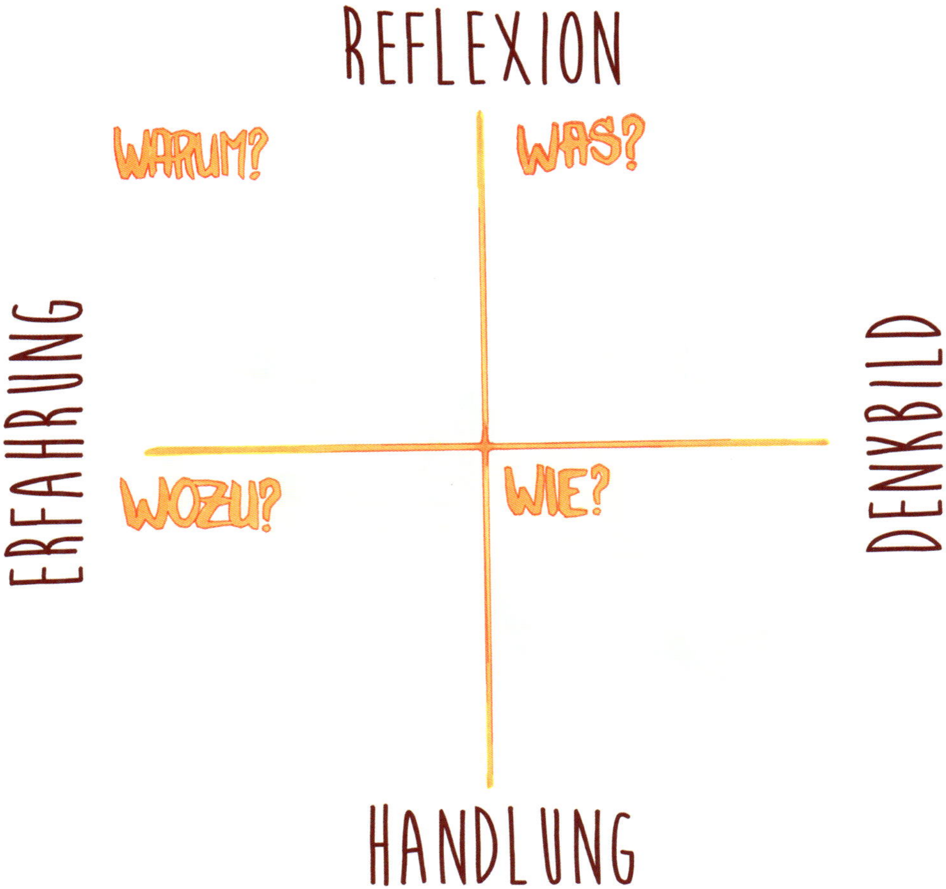
REFLEXION
WARUM?
WAS?
ERFAHRUNG
DENKBILD
WOZU?
WIE?
HANDLUNG

Warum - Typ

Die Suche nach dem Sinn beschäftigt den Warum - Typ. Er reflektiert, beobachtet und trifft seine Entscheidungen, wenn er herausgefunden hat, ob etwas für ihn von Interesse oder von Bedeutung ist. Seine Motivation etwas zu tun, wird erst geweckt, wenn er verstanden hat, warum er sich mit etwas beschäftigen soll. Er will Dinge ergründen, sein eigenes Verhalten und das anderer reflektieren, um zu verstehen und daraus zu lernen. Warum ist es dazu gekommen? Die Reflexion ist in die Vergangenheit gerichtet, auf die Gründe und die IST-Situation, um die Zusammenhänge zu begreifen und daraus zu lernen.

Was – Typ

Der Was – Typ ist ein abstrakter Konzeptionalisierer, ein Denker, der nach Informationen sucht. Er will es genau wissen und wissen, was im Einzelnen passiert. Um Entscheidungen zu treffen und sich zu motivieren, benötigt der Was – Typ theoretisches Wissen, Inhalte, Regeln, Grundlagen, Expertenmeinungen und den Bezug zur Wissenschaft. Ihn interessieren Abläufe und Prozesse, er möchte, dass ihm Zahlen, Daten und Fakten geliefert werden, welche ihn letztlich von etwas überzeugen können.

Wie – Typ

Der Wie – Typ ist ein experimentierfreudiger Entdecker, ein Improvisator, der nach Anwendungsmöglichkeiten sucht. Er probiert direkt Dinge aus und lernt über die Anwendung. Gerade Wie – Typen kommt eine Fehlerkultur entgegen, am besten bietet man ihnen die Möglichkeit, Dinge zu testen und auszuprobieren. Führungskräfte sollten zudem die reflexiven Fähigkeiten von Wie – Mitarbeitern fördern, damit sie Fehler nicht wiederholen.

Wozu Typ

Der Wozu – Typ ist ein Visionär, ein Praktiker, der nach konkreten Möglichkeiten sucht, um Erfahrungen zu sammeln. Er will wissen, wozu diese Information oder das Verhalten in der Zukunft führt. Damit er sich auf eine Sache einlässt, braucht er Zukunftsszenarien. Im Wesentlichen geht es ihm darum, Sachverhalte in die Zukunft zu transportieren und zu beschreiben, welche Konsequenzen sich daraus ergeben könnten. Zudem ist der Wozu – Typ sehr kreativ darin, weitere Anwendungsmöglichkeiten aus Informationen zu generieren und versteckte Möglichkeiten zu entdecken.

WARUM?

V ←

GRÜNDE LIEGEN IN DER VERGANGENHEIT ODER AKTUELLE "IST"-SITUATION

DER WARUM-TYP WILL WISSEN, WARUM ER SICH DAMIT BESCHÄFTIGEN SOLL?

WAS?

KONKRETE MAßNAHMEN, ZAHLEN, DATEN, FAKTEN AUFGABEN, TÄTIGKEITEN, PROZESSSCHRITTE

DER WAS-TYP WILL ES GENAU WISSEN!

WOZU?

→ Z

FÜHRT DAS = WIRKUNG IN DER ZUKUNFT

DER WOZU-TYP WILL WISSEN, WAS DAS ZUKÜNFTIG BEDEUTET

RISIKEN UND CHANCEN

WIE?

KONKRETE ANWENDUNG, AKTIVITÄTEN, VORGEHENSWEISE, KOMMUNIKATION

DER WIE-TYP WILL ETWAS AUSPROBIEREN
ODER
WISSEN, WIE ETWAS FUNKTIONIERT

4-Mat-Päsentation

Die Aufbereitung von Informationen oder Konzeptionen über das *4-Mat-System* berücksichtigt alle vier Grundtypen. Eine Projektpräsentation sollte zunächst über eine klare Ziel- und Ergebnisformulierung eingeleitet werden. Der Zielrahmen definiert die Arbeit, während das Ergebnis gedanklich bereits die Realität beschreibt. Zielrahmen: In den nächsten beiden Stunden klären wir die unterschiedlichen Projektphasen; Ergebnisrahmen: Jeder weiß, was er zu tun hat und welche nächsten Schritte erforderlich sind.

Danach kann die Präsentation anhand der nachfolgenden vier Fragen erarbeitet werden. **Warum** wollen wir das Projekt machen? Warum ist unser Vorhaben so wichtig? In diesem Quadranten ist es ratsam, die Gründe an konkreten Beispielen festzumachen. Was wollen wir konkret machen? **Was** passiert alles im Rahmen des Projekts? Dieser Quadrant beinhaltet Informationen, in Zahlen ausgedrückt oder auch Projektphasen, Prozesse, Abläufe und Dokumentationsintervalle. **Wie** setzen wir die Projektidee um? Der Wie-Quadrant beschäftigt sich mit der Vorgehensweise und der Art der Kommunikation, wie beispielsweise eine einheitliche Kommunikationsbasis zu schaffen. Der aktuelle Projektstatus wird prozentual kommuniziert. 0% = noch nicht begonnen; 25% = ein Viertel geschafft; 50% = die Hälfte geschafft usw. Wozu führt es, wenn das Projekt stattfindet bzw. nicht stattfindet? Es macht zusätzlich Sinn, sich mit dem Wozu aus den unterschiedlichen Bezugsgruppen zu befassen. Am besten den Nutzen oder die Risiken formulieren: **Wozu** führt es für die Mitarbeiter, wenn Hierarchien abgebaut werden, Was ist die Konsequenz für die Führungskräfte und wozu soll es im Gesamtunternehmen führen?

WARUM?

V ←

GRÜNDE LIEGEN IN DER VERGANGENHEIT
ODER AKTUELLE "IST"-SITUATION

ER WARUM-TYP WILL WISSEN, WARUM ER
SICH DAMIT BESCHÄFTIGEN SOLL?

WAS?

KONKRETE MAßNAHMEN,
ZAHLEN, DATEN, FAKTEN
AUFGABEN, TÄTIGKEITEN,
PROZESSSCHRITTE

DER WAS-TYP WILL ES GENAU WISSEN

WOZU?

→ Z

FÜHRT DAS = WIRKUNG IN DER ZUKUNFT

DER WOZU-TYP WILL WISSEN, WAS
DAS ZUKÜNFTIG BEDEUTET

RISIKEN UND CHANCEN

BEZUGSGRUPPEN

FÜHRUNGS-
SKRAFT

KUNDE

MITAR-
BEITER

UNTER-
NEHMEN

WIE?

KONKRETE ANWENDUNG, AKTIVITÄTEN,
VORGEHENSWEISE, KOMMUNIKATION

DER WIE-TYP WILL ETWAS AUSPROBIEREN
ODER
WISSEN, WIE ETWAS FUNKTIONIERT

4-Mat-Reflexion

Das *4-Mat* kann zur Klärung in konflikthaften Situationen angewendet werden. Es bietet eine Reflexionsstruktur, die dabei hilft, seine eigene Vorgehensweise und die Beweggründe anderer zu reflektieren. Das eigene Verhalten steht in Wechselwirkung mit dem Verhalten anderer Personen. Über diese Reflexion kann man herausfinden, wie die Verhaltensweisen zusammenhängen, was sie auslöst oder sogar verstärkt.

Warum ist es zu diesem Konflikt gekommen? Hier werden die Gründe aus den unterschiedlichen Perspektiven aufgezählt, die zu dem Konflikt beigetragen haben.

Was ist passiert? In diesem Schritt wird der genaue Ablauf rekonstruiert, dabei ist auf Neutralität zu achten. Am besten analysiert man den Konflikt, wenn die Emotionen bereits abgeklungen sind.

Wie haben die unterschiedlichen Parteien dazu beigetragen? Dieser Punkt bezieht sich auf die Art und Weise der Kommunikation und das Verhalten der Beteiligten. In Konflikten werden meist unbewusste Reaktionsmuster ausgelöst, mehr dazu im nächsten Kapitel

Wozu lässt sich das erarbeitete Wissen verwenden? An dieser Stelle setzt man sich bewusst mit seinen Reflexionsergebnissen auseinander und überlegt sich, wie man damit umgehen will.

4-Mat-Mitarbeiterentwicklung

Selbst im Dialog kann das *4-Mat* eine hilfreiche Unterstützung sein. Die Entwicklung eines Mitarbeiters soll zu einem bestimmten Ergebnis in der Zukunft führen. Im **Wozu**-Quadranten wird aus mehreren Perspektiven das Ergebnis definiert. Für die Führungskraft kann es zur Entlastung führen, für den Mitarbeiter zu mehr Verantwortung, um den nächsten Karriereschritt einzuleiten. Der **Warum**-Quadrant verdeutlicht die Gründe, die dazu geführt haben, sich mit diesem Thema zu beschäftigen. **Was** genau gemacht werden soll, kann je nach Vorkenntnissen des Mitarbeiters kurz oder ausführlich beschrieben werden. **Wie** der Mitarbeiter vorgehen will, liegt in seiner Verantwortung, abgerundet mit der Frage: Wie kann ich dich dabei unterstützen? Das fördert die Selbstverantwortung und zeigt auf, wo der Mitarbeiter in seiner beruflichen Entwicklung zu diesem Thema steht.

4-Mat-Wissen

Jedes neue Thema oder Vorhaben sich weiterzubilden, setzt zunächst die Klärung der Motivation voraus. Die Gründe, **Warum** man sich mit diesem Thema beschäftigen oder es nebenberuflich studieren soll. Danach folgen über das **Was** die notwendigen Informationen. Das kann den Inhalt betreffen, die Kosten, den Umfang des Studiums oder den Zeitaufwand. Es geht darum, Fakten über Daten zu schaffen. **Wie** man das Lernen oder die Wissensermittlung zeitlich umsetzt, welche Lernmethoden angewendet werden und ob man Lerngruppen präferiert, wird in dem Wie-Quadranten erarbeitet. Zum Schluss folgt die Auseinandersetzung mit der Frage, wozu das Wissen nützlich ist oder was passiert, wenn man sich nicht mehr weiterbildet. Nicht zu vernachlässigen ist die Frage, **Wozu** ein nebenberufliches Studium bei sich und seinem Umfeld führt, um die Folgen abzuschätzen und frühzeitig Maßnahmen zu ergreifen.

PRAXISTRANSFER

Ein einfaches Modell mit zahlreichen Anwendungsmöglichkeiten. Nutzen Sie zwei Wochen täglich das *4-Mat* in unterschiedlicher Anwendung. Achten Sie darauf, welcher Quadrant ihnen leichtfällt und welcher ihnen schwer fällt. Seien Sie präzise in allen vier Quadranten, so trainieren sie automatisch die Informationsverarbeitung für alle vier Lerntypen. In der Umsetzung wird das *4-Mat* zu Zitronen und gerade der Wozu-Typ wird seine Kreativität nutzen, um noch weitere Transfermöglichkeiten zu erkunden. Im zweiten Schritt können Sie beobachten, welche Fragen Ihre Mitarbeiter stellen und was für Aussagen sie häufig nutzen, um Sachverhalte zu verstehen.

Die verschiedenen Typen stellen folgende Fragen:
Der Warum-Typ: „Ich verstehe das nicht, für mich macht das keinen Sinn."

Der Was – Typ: „Auf die Gefahr hin, dass ich kleinlich erscheine, könntest du bitte den Prozess noch Mal schrittweise erklären?"

Der Wozu – Typ: „Habt ihr bei dem Projekt bedacht, was das für unsere Abteilung an Mehraufwand ist?"

Der Wie – Typ: „Das ist ja interessant und wie genau kann ich das jetzt anwenden?"

Die Sprache ist ein Werkzeug, das dabei hilft, das Innenleben nach außen zu transportieren. Über Sprache werden unter anderem Muster, Typ-Präferenzen, Werte, Überzeugungen und Antreiber erkennbar.

WIE MUSTER DAS DENKEN, DIE EMOTIONEN UND DAS VERHALTEN STEUERN

Freudentaumel, stille Nachdenklichkeit, spontane Berührungen, kühle Distanz, Wutausbrüche, Peinlichkeit und Rückzug – menschliches Verhalten ist komplex und hat viele Facetten. Ähnlich dem Fingerabdruck ist das, was ein Mensch erlebt und das, was ihn dazu veranlasst, auf eine bestimmte Art und Weise zu reagieren, einzigartig. Demnach gibt es unzählige erlebte Inhalte, die Reaktionen auslösen, jedoch nur eine geringe Anzahl unterschiedlicher reaktiver Muster. Ähnlich den individuellen Präferenzen und Vorlieben gibt es auch sich wiederholende Muster, die menschliches Verhalten klassifizierbar und bis zu einem gewissen Grad vorhersagbar machen.

WAHRNEHMUNG UND WAHRGEBUNG

In der Führung ist es von zentraler Bedeutung, Wahrnehmung, Interpretation und Vermutung voneinander zu unterscheiden, um den Respekt vor dem Innenleben seiner Mitarbeiter zu wahren. Empfehlenswert ist ein Abgleich der persönlichen Wahrnehmung über Fragen wie: „Ich habe in Bezug auf dein Verhalten eine Vermutung. Möchtest du sie hören?" Jemanden mit völlig unzutreffenden Vermutungen zu konfrontieren, geht zu Lasten des Vertrauensverhältnisses und erfüllt nur einen Selbstzweck.

Die nachfolgende Geschichte stammt aus dem Buch „Die sieben Wege zur Effektivität" von Stephen R. Covey.

An einem Sonntagvormittag in der New Yorker U – Bahn. Die Passagiere saßen still da, manche lasen Zeitung, andere waren in Gedanken versunken, einige hatten die Augen geschlossen und ruhten sich aus. Es war eine ruhige friedliche Szene. Dann stieg ein Mann mit seinen Kindern ein. Die Kleinen waren laut und ungestüm, die ganze Stimmung änderte sich abrupt. Der Mann setzte sich neben mich und machte die Augen zu. Er nahm die Situation offenbar überhaupt nicht wahr. Die Kinder schrien herum, warfen Sachen hin und her, zerrten sogar an den Zeitungen anderer Fahrgäste. Sie waren sehr störend. Aber der Mann neben mir unternahm nichts.

Es war schwierig, nicht davon irritiert zu sein. Ich konnte nicht fassen, dass er so teilnahmslos war, dass er seine Kinder dermaßen herumtoben ließ und nichts dagegen tat, überhaupt keine Verantwortung übernahm. Es war deutlich, dass sich auch alle anderen in der U – Bahn ärgerten. Mit aus meiner Sicht ungewöhnlicher Geduld und Zurückhaltung sprach ich ihn schließlich an: „Ihre Kinder stören wirklich sehr viele Leute hier. Könnten Sie sie nicht etwas mehr unter Kontrolle bringen?" Der Mann hob die Augen, als er sich zum ersten Mal der Situation bewusst wurde und sagte leise: „Oh, Sie haben Recht, sich sollte etwas dagegen tun. Wir kommen gerade aus dem Krankenhaus, wo ihre Mutter vor einer Stunde gestorben ist. Ich weiß nicht was ich denken soll und die Kinder haben vermutlich auch keine Ahnung, wie sie damit umgehen sollen.

WAHRNEHMUNGSFILTER

Ohne die Wahrnehmung wäre nichts existent. Sie liefert dem Gedanken den Inhalt, der Meinung die Sicht, der Vernunft die Kontrolle und der Bewertung das Gefühl. Wahrnehmung ist eine kognitive Leistung, die Fähigkeit, Informationen aufzunehmen, zu verarbeiten und ihnen Sinn zu verleihen. Der kognitive Prozess ermöglicht es, die Umwelt über die Reize, die durch die Sinnesorgane aufgenommen werden, zu interpretieren und zu verstehen. Die klassische Unterteilung der Wahrnehmung erfolgt über die fünf Sinne. Über den Geruchs-, Geschmacks- und Tastsinn sowie über das Hör- und Sehvermögen. In jeder Sekunde verarbeiten die Sinne mehrere Millionen Bits, jedoch dringt nur ein Bruchteil davon ins menschliche Bewusstsein. Der Hirnforscher Gerhard Roth schätzt, dass uns weniger als 0,1 Prozent dessen, was das Gehirn tut, aktuell bewusst wird. Aus dieser Flut unzähliger Sinneseindrücke werden die Reize im Gehirn über unterschiedliche Filter sortiert. Ein wichtiger Prozess, damit man sich auf das Wesentliche konzentrieren kann und dennoch ist dadurch die Wahrnehmung begrenzt. Auf diese Weise versucht das Gehirn die Unmengen von Sinneseindrücken zu organisieren und einzuordnen. Bei allen Filtersystemen wirken darüber hinaus die drei subjektiven Gestaltungsprozesse der Löschung, Verzerrung und der Generalisierung, mit denen die Wahrnehmung gestaltet wird.

Wie ein Stück Brot aussieht, hängt davon ab, ob du hungrig bist oder nicht

Bei der Löschung erreichen verschiedene Reize nicht das Bewusstsein, weil sie, ebenso wie Röntgenstrahlen, nicht wahrgenommen werden können oder weil man sie nicht wahrnehmen will, in dem Fall werden sie verdrängt. Die Verzerrung ist eine vereinfachte oder der eigenen inneren Repräsentation angepasste Wahrnehmung. Das kann die Überschätzung des eigenen Könnens betreffen, bis hin zu der Neigung, eine empfundene Emotion als Beweis für eine Annahme zu betrachten. Die Generalisierung ist das Verallgemeinern von gemachten Erfahrungen oder von Informationen. Also z.B. zu schlussfolgern, dass jemand gute Arbeit leistet, weil er sich gut verkaufen kann oder jemandem, der ein paar Mal zu spät zur Arbeit kommt, zu unterstellen, dass er nie pünktlich ist.

Die meisten Filter stammen aus der persönlichen Lebensgeschichte jedes Einzelnen. Erfahrungen, bewusste und unbewusste Glaubenssätze, individuelle Werte und auch die kulturellen Filter beeinflussen die Wahrnehmung. Jeder Mensch hat bestimmte Dinge auf eine bestimmte Art und Weise gelernt, seine ganz eigenen Erfahrungen in und mit der Umwelt gemacht. Lebenserfahrungen variieren stets, kein Mensch hat im

Laufe seines Lebens exakt die gleichen Erfahrungen wie ein anderer gemacht. Dementsprechend schafft jeder Einzelne, basierend auf seiner Geschichte, eine innere Repräsentation der Umwelt. Diese Repräsentation ist meist unbewusst und maßgeblich für das emotionale Erleben und Verhalten verantwortlich. Menschliches Handeln orientiert sich nicht daran, wie die Umwelt tatsächlich ist, sondern daran, wie sie wahrgenommen wird. Je präziser die Wahrnehmung, desto besser die Ergebnisse und die Lebenserfahrung. Mit anderen Worten: Die Qualität der Wahrnehmung hat entscheidenden Einfluss auf die Qualität der Ergebnisse und der Erfahrungen, die man im Leben macht. Jemand, der defizitorientiert wahrnimmt, auf alles schaut, was er nicht kann und nicht erreicht hat, wird sich und die Umwelt anders wahrnehmen, als jemand, der eine positive Einstellung zu sich und seiner Umwelt hat.

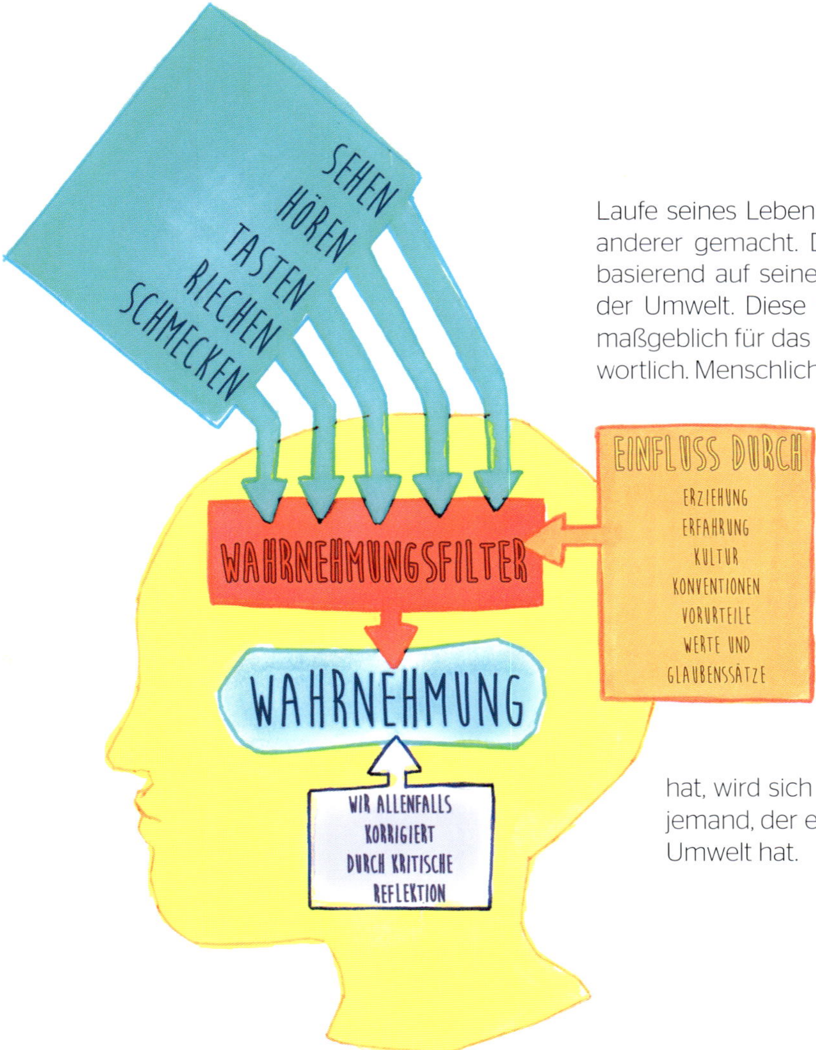

KORREKTUR ÜBER REFLEKTION

WAHRNEHMUNGSFEHLER

Es gibt eine Reihe klassischer Wahrnehmungsfehler, nachfolgend werden einige beschrieben. Der Rosenthal-Effekt beschreibt ein Phänomen, das häufig als sich selbsterfüllende Prophezeiung beschrieben wird. Der Psychologie-Professor Robert Rosenthal hat positive Erwartungshaltungen und deren Auswirkungen in unterschiedlichen Ausgangssituationen untersucht. Der Glaube darüber, wie ein bestimmter Mensch ist, beeinflusst den Umgang mit dieser Person. Das wiederum beeinflusst das Verhalten und die Entwicklung der Person in die erwartete Richtung. Vereinfacht ausgedrückt: Man wird, wie man gesehen wird. Gerade für Führungskräfte ist das ein wichtiger Aspekt, wenn es um die Mitarbeiterentwicklung geht oder generell um die Förderung von Menschen.
In der Interaktion wird dem Gegenüber bewusst oder unbewusst signalisiert, wie man denjenigen wahrnimmt. Damit wird in erheblichem Maße das Selbstbild des Gegenübers beeinflusst. Führungskräfte, die ihren Mitarbeitern etwas zutrauen, stärken das Selbstvertrauen ihrer Mitarbeiter.

Ein weiterer Wahrnehmungsfehler ist der Primäreffekt, der erste Eindruck. Dieser bildet sich meist in den ersten Sekunden, folgende Informationen werden verzerrt, um den ersten Eindruck zu stützen. Gerade in der Personalauswahl kann der Primäreffekt zu einer Fehleinschätzung der eigentlichen Kompetenzen führen. Nicht selten berichten Führungskräfte, dass sie sich in ihrer Einschätzung sowohl in die eine als auch in die andere Richtung geirrt haben.

Stereotypen sind vorgefasste Meinungen über bestimmte soziale Gruppen oder auch menschliche Eigenschaften. Die Kategorisierung ist eine Ordnungsleistung des Gehirns, der Komplexität des Lebens zu begegnen. Es gibt eine Reihe eignungsdiagnostischer Verfahren in der Personalentwicklung, die diesen Effekt der Stereotypisierung unterstützen. Menschliches Verhalten wird in Farben unterteilt, auf Kunden übertragen und daraufhin vermeintlich passenden Verhaltensstrategien zugeordnet. Diese Art von Komplexitätsreduzierung wird dem menschlichen Wesen nicht gerecht und führt gerade in Beurteilungsgesprächen zu gravierenden Fehleinschätzungen.

Die Projektion ist ein Wahrnehmungsfehler, der anderen Menschen Eigenschaften, Schwächen oder Probleme zuschreibt, die man selbst in sich trägt. Bei einer Projektion werden eigene Sorgen, Ängste und Themen auf andere übertragen. Jemand, der wenig Selbstvertrauen besitzt, nimmt eine andere Person, die von seinen Fähigkeiten überzeugt ist, als überheblich wahr. Nur, weil er es selbst als unangenehm empfindet, wenn jemand sich selbst lobt und unverhohlen zu seinen Fähigkeiten steht.

DREI
NEIN, VIER

Sprache als machtvoller Filter

Ein weiterer machtvoller Filter ist die Sprache. Sie ist Teil der Kultur und lenkt die Gedanken in eine bestimmte Richtung. Sprache ist somit notwendig, um die Gedanken zu ordnen. Über Sprache besteht die Möglichkeit, komplizierte Gedanken auszutauschen, Wissen über die ganze Welt zu streuen und einfach nur mehr über das Innenleben seines Gegenübers zu erfahren.

Der Linguistik-Professor Noam Chomsky hat mit dem Modell der *Transformationsgrammatik* einen dynamischen Prozess der Sprachproduktion und Wahrnehmung von Sprache beschrieben. In dem Modell geht er von der Erfahrung selbst aus, einer vollständigen sensorischen und emotionalen Reaktion, die durch die Übersetzung in Sprache an Vollständigkeit verliert und somit nicht eins zu eins übersetzt wird. Dabei verwendet er die Begriffe Oberflächenstruktur und Tiefenstruktur, die sich auf die verschiedenen Ebenen beziehen, die Informationen während der Sprachproduktion und dem Empfangen der Worte durchlaufen. Sprache kann die Geschwindigkeit, Vielfalt und Sensibilität des Denkens nicht erfassen. Die Vollständige und präzise Vorstellung dessen, was jemand sagen will, ist die Tiefenstruktur und das, was tatsächlich gesagt wird, ist die Oberflächenstruktur. Sprache ist das Werkzeug, um die individuellen Sinneserfahrungen auszudrücken. Häufig hört man die Aussage, dass es schwierig sei, die richtigen Worte zu finden oder dass manche das Gefühl haben, sich nicht richtig mitteilen zu können.

Um von der Tiefenstruktur „Ich spüre, wie mein Herz zu klopfen beginnt, ein heftiges klopfen, meine Hände beginnen zu zittern, sie sind kühl und werden feucht, sobald ich mir nur vorstelle, dass ich eine Präsentation vor einem mir unbekannten Publikum, halten muss“ sprachlich zur Oberflächenstruktur zu gelangen, wirken wie bei den Filtersystemen die Gestaltungsprozesse der Löschung, Verzerrung und der Generalisierung. Das Beispiel wird an der Oberflächenstruktur zu „Ich habe Präsentationsangst.“

Die Sprache ist ein unvollkommenes Werkzeug

Viele Begrifflichkeiten sind sprachliche Repräsentationen, die bengalischen Nüssen gleichkommen. Mangelhafte Produktivität kann von Mitarbeitern unterschiedlich verstanden werden, weil jeder unterschiedliche Erfahrungen beim Thema Produktivität gemacht hat, unterschiedlich produktiv ist und unterschiedliche Leistungsansprüche hat. Wenn eine subjektive, produktive Erfahrung verallgemeinert wird, nennt man das Generalisierung. Kein Mensch kann immer gleich produktiv sein, weil die Produktivität von mehreren Faktoren abhängt. Löschung ist der Prozess, der selektive Aspekte der Produktivität miteinbezieht oder ausschließt. Eine Führungskraft, die lediglich über Kennzahlen führt, wird die Produktivität an den unternehmensrelevanten Kennzahlen festmachen und weniger die Befindlichkeiten oder Rahmenbedingungen in seine Bewertung mit einfließen lassen. Verzerrung ist der Prozess, durch den Wahrnehmungen und Daten so interpretiert werden, dass dem Mitarbeiter vermittelt wird, er sei nicht produktiv genug gewesen.

Um eine Verbindung zwischen der Sprache und der Erfahrung herzustellen, gibt es das *Meta-Modell* aus dem Neuro-Linguistischen Programmieren. Es kann dazu verwendet werden, Informationen zu sammeln, die Bedeutung der Worte zu klären, individuelle Begrenzungen aufzuzeigen und neue Wahlmöglichkeiten zu eröffnen. Man geht im Neuro-Linguistischen Programmieren von der Grundannahme aus, dass Menschen unterschiedliche Weltbilder haben und die Bedeutung der Worte daher erklärungsintensiver ist, wenn man sein Gegenüber verstehen will. Nicht selten werden Unsummen in der Wirtschaft verbrannt, weil Menschen aneinander vorbei kommunizieren, gar nicht kommunizieren oder davon ausgehen, dass sie verstanden werden. Die Fähigkeit, Sprache präzise anwenden zu können, ist für jeden Menschen und vor allem für Führungskräfte von Vorteil.

Wer fragt, der führt

Mittels Nachfragen und Hinterfragen kann zum einen eine einheitliche Verständnisbasis geschaffen werden und zum anderen der Gesprächspartner dazu angeregt werden, seine eigenen Aussagen zu reflektieren. Sprache ist meist ein unbewusster Prozess, der dem geübten Zuhörer viel über sein Gegenüber verrät, jedoch ist das Hinterfragen und Nachfragen wichtig, um den Abgleich mit der eigenen Wahrnehmung zu machen. Gerade um Verzerrungen und daraus resultierend Fehlentscheidungen zu vermeiden, ist Fragen ein elementares Werkzeug in der Führung. Erfahrungsgemäß fragen gerade Führungskräfte selten nach, weil Fragen nur in der Theorie einfach ist. Das Nicht-Fragen hat seinen Ursprung meist in Ängsten. Die Angst vor Zurückweisung, vor Gesichtsverlust, davor, sich selbst zu offenbaren oder auch den anderen in Verlegenheit zu bringen.

Anbei einige Beispiele um Löschungen, Verzerrungen und Generalisierungen zu hinterfragen. Das *Meta-Modell* der Sprache ist sehr viel komplexer und bietet eine umfassende grammatikalische Erklärung für die drei genannten Gestaltungsprozesse. Nachfolgend wird die Komplexität reduziert und nur auf das Grundprinzip eingegangen. Es geht nicht darum, Regeln zu lernen, sondern darum, ein Gefühl für die Fragen zu entwickeln. Im nächsten Schritt macht nur das Üben aus den bengalischen Nüssen die Zitronen. Suchen Sie sich am besten eine Kategorie aus und üben Sie zunächst ausschließlich in dieser das Hinterfragen. Generalisierungen sind leicht an den Signalworten immer, nie, jedes Mal, niemand usw. zu erkennen. Alleine die Frage nach der Ausnahme ist bereits wirkungsvoll, um sein Gegenüber in die Reflexion zu führen. „Ist das wirklich immer so oder gibt es auch andere Beispiele?“

LÖSCHUNG, GENERALISIERUNG UND VERZERRUNG HINTERFRAGEN

Prozess	Aussage	Nachfrage
Löschung	Ich bin begeistert.	Wovon genau? Von wem?
	Ich werde immer besser.	Im Vergleich wozu?
	Der Kandidat ist geeignet.	Gemessen woran?
	Ich habe Stress.	Was stresst dich und auf welche Weise?
Generalisierung	Er ist nie erreichbar.	Gibt es Ausnahmen, in denen er erreichbar ist?
	Ich muss das erledigen.	Wozu führt es, wenn du das nicht erledigst?
	Ich kann nicht Nein sagen.	Was hindert dich daran?
Verzerrung	Er hat nicht gegrüßt, er ist bestimmt sauer auf mich.	Wenn du jemanden nicht grüßt, bist du dann zwangsläufig sauer?
	Die Arbeit macht mich krank.	Wie genau macht sie das denn?
	Sie ist ängstlich.	Woher weißt du das? Woran machst du das fest?

Die Kompetenzstufenentwicklung

Möglichst viel Wissen anzusammeln ist nicht mehr zeitgemäß, dafür nimmt der Stellenwert der als notwendig erachteten Kompetenzen in der Führung zu.

Martin M. Broadwell hat im Jahr 1969 in dem Artikel „Teaching for Learning" erstmalig die vier Stufen der Kompetenzentwicklung veröffentlicht. Verortet in der Entwicklungspsychologie beschreibt das Modell die dynamische und reflexive Entwicklung menschlichen Verhaltens in vier Stufen.

Unbewusste Inkompetenz

Die Phase der unbewussten Inkompetenz beschreibt einen Zustand, bei der Betroffene sich ihres Unvermögens nicht bewusst sind. Der Kern der verzerrten Selbstwahrnehmung liegt in der Überschätzung der eigenen Fähigkeiten.

Es gibt Studien, die belegen, dass Unwissenheit zu mehr Selbstvertrauen führt als Wissen. Bekannt unter dem *Dunning-Kruger-Effekt*, neigen inkompetente Menschen dazu, ihr eigenes Können gnadenlos zu überschätzen. Sie haben nicht die leiseste Ahnung davon, wie inkompetent sie wirklich sind und können demnach die Folgen ihres Unwissens nicht abschätzen. Zudem sind sie nicht in der Lage, überdurchschnittliche Fähigkeiten anderer zu erkennen. Ihre Selbstüberschätzung geht demnach mit der Unterschätzung anderer einher.

Im Berufsleben beschreibt der Effekt Personen, die für eine bestimmte Tätigkeit völlig ungeeignet sind, sich selbst jedoch für extrem fähig halten und das auch ihren Mitmenschen zu verstehen geben. Die Seiten, die Menschen an sich nicht wahrnehmen können, werden in der Psychologie als blinder Fleck bezeichnet. Es besteht ein Unterschied zwischen der Selbstwahrnehmung und der Fremdwahrnehmung, die über Feedback korrigiert werden kann.

UNBEWUSSTE INKOMPETENZ
BEWUSSTE INKOMPETENZ
UNBEWUSSTE KOMPETENZ
BEWUSSTE KOMPETENZ

Bewusste Inkompetenz

In der Phase der bewussten Inkompetenz ist man sich seiner Defizite und den daraus resultierenden Folgen bewusst. Frei nach dem Motto: Selbsterkenntnis ist der erste Weg zur Besserung. Personen mit bewusster Inkompetenz sind in der Lage, intuitiv richtig zu handeln, können ihr Handeln jedoch nicht analysieren. Sie wissen, dass sie etwas nicht wissen oder können. Kompetenz ist eng verknüpft mit der Fähigkeit, sich selbst und Situationen realitätsnah wahrzunehmen und die darin liegenden Chancen und Risiken zu erkennen und bestenfalls einzuschätzen, was es für das weitere Vorgehen braucht, selbst wenn es die Unterstützung durch Dritte ist.

Jeder hat unterschiedliche Kompetenzen, individuelle Voraussetzungen, sich in konkreten Situationen an veränderte Bedingungen anzupassen und bestimmte Anforderungen aufgrund von Erfahrung, Können und Wissen zu erfüllen. Kompetenz geht über die Fach- und Methodenkompetenz hinaus. Sie umfasst zudem die personale Kompetenz, Handlungskompetenz, sozio-emotionale und interkulturelle Kompetenz. Innerhalb der Kompetenzen lassen sich die Fähigkeiten und Fertigkeiten zuordnen. Fähigkeit ist die körperliche und geistige Voraussetzung, die zu etwas befähigt. Fähigkeiten sind die erforderlichen Voraussetzungen, um Leistung zu erbringen. Fähigkeiten können angeboren sein, wie beispielsweise die Fähigkeit sich in andere hineinzuversetzen. Diese natürliche Begabung nennt man Empathie. Eine Fähigkeit, die zu den sozialen Kompetenzen zählt.

Bewusste Kompetenz

In der Phase der bewussten Kompetenz sind Menschen in der Lage, ihr Vorgehen zu analysieren, zu verstehen, einen Handlungsplan zu entwickeln und umzusetzen. Die meisten Kompetenzentwicklungsprozesse finden über bewusstes Üben und Trainieren statt. Diesen erlernten oder erworbenen Anteil des Verhaltens nennt man Fertigkeiten. Der Erwerb einer Fertigkeit setzt indessen gewisse Fähigkeiten voraus und hängt von den folgenden Attributen ab: Vorkenntnisse, Erfahrungen, Reifegrad, Fachkompetenz, Motivation und Wille.

Diese Phase macht den Unterschied zwischen kompetenten und weniger kompetenten Menschen aus. Kompetenzen kann man nicht lehrend vermitteln, man kann sie nur handelnd erwerben oder ausbauen. Von daher ist es völlig sinnentleert, sozio-emotionale Kompetenzen über herkömmliche Trainingsmethoden entwickeln zu wollen. Kein Coach und keine Disziplin ersetzt regelmäßiges Trainieren, Üben und Wiederholen, um neue Gewohnheiten zu bilden.

Unbewusste Kompetenz

In der Phase der unbewussten Kompetenz ist keine bewusste Konzentration mehr erforderlich, das Erlernte ist in die Persönlichkeit integriert und läuft automatisiert ab.

Kompetenzentwicklung muss nicht zwangsläufig alle vier Stufen durchlaufen. Der Psychologe Albert Bandura hat sich intensiv mit dem Modelllernen befasst. Durch Nachahmung sind Menschen in der Lage, sich neue Verhaltensweisen anzueignen oder bereits bestehende Muster weitestgehend zu verändern. Vor allem Kinder lernen nicht durch Belehrung, vielmehr durch Nachahmung ihrer direkten Bezugspersonen. Mentoren sind beispielsweise Rollenmodelle, die den Wissenstransfer zwischen erfahrenen und weniger erfahrenen Mitarbeitern fördert.

Die Fähigkeiten, die einen Menschen ausmachen und als Veranlagung bereits früh ausgeprägt waren, sind ebenfalls häufig unbewusst. Führungskräfte mit hoher Umsetzungskraft empfinden das meistens nicht so, weil es für sie selbstverständlich ist. Was sie für sich als selbstverständlich erachten, erwarten sie meistens auch von ihren Mitarbeitern. Aus ihrer Wahrnehmung heraus wirkt jemand, der mit Bedacht Themen umsetzt, schnell ziellos, schwerfällig oder unentschlossen. Genauso verhält es sich mit anderen natürlichen Fähigkeiten wie Hilfsbereitschaft, Lockerheit, Scharfsinnigkeit usw.

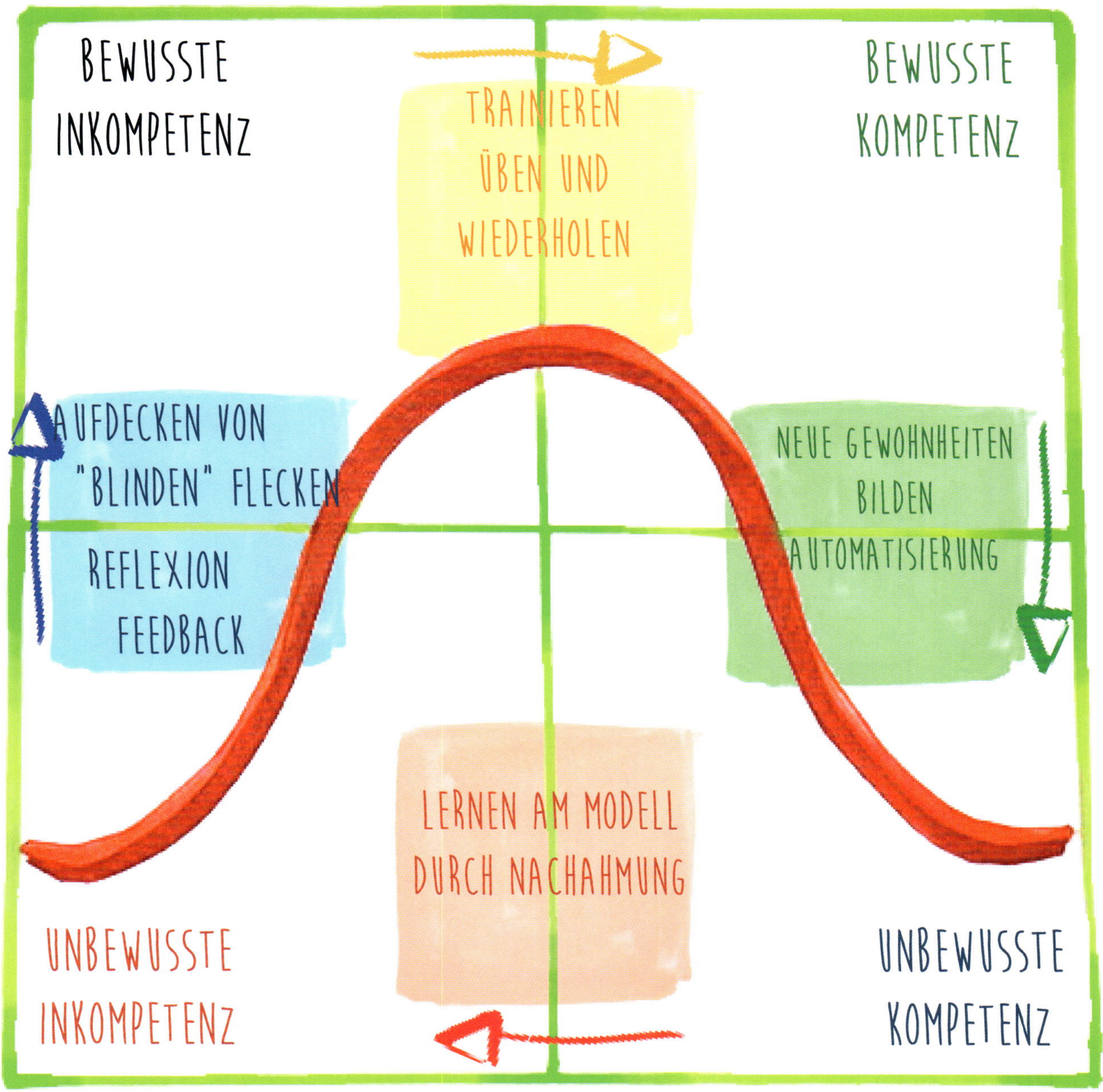
BEWUSSTE INKOMPETENZ
TRAINIEREN ÜBEN UND WIEDERHOLEN
BEWUSSTE KOMPETENZ
AUFDECKEN VON "BLINDEN" FLECKEN
REFLEXION FEEDBACK
NEUE GEWOHNHEITEN BILDEN AUTOMATISIERUNG
LERNEN AM MODELL DURCH NACHAHMUNG
UNBEWUSSTE INKOMPETENZ
UNBEWUSSTE KOMPETENZ

PRAXISTRANSFER

Wenn es darum geht, Neues zu erlernen, fangen viele gar nicht erst an oder geben bereits nach wenigen Fehlschlägen auf. Nach der Selbsterkenntnis folgt die Selbstreflexion, um gezielt die Phase der bewussten Kompetenz vorzubereiten.
Selbstreflexion ist eine Fähigkeit der personalen Kompetenz, die über die regelmäßige Anwendung der *4-Mat-Reflexion* systematisch ausgebaut wird.

Im Warum-Quadranten werden die unterschiedlichen Dimensionen der Motivation geklärt. Die bewusste Auseinandersetzung mit den persönlichen Motiven wirkt sich vor allem auf den inneren Antrieb, die Ausdauer, die Autonomie und die Qualität der Ergebnisse aus. Im ersten Schritt schreibt man ungefiltert alle Gründe auf, die einen bewegen, etwas verändern oder neu lernen zu wollen. Danach überprüft man, ob die Gründe sich am Mangel oder der Fülle orientieren. Wenn man also einer bestimmten Erwartung entsprechen will, das Gefühl hat, sich beweisen zu müssen, die Gründe aus dem Vergleich mit anderen hervorgehen, ein bestimmtes Gefühl vermieden werden soll oder der Wunsch nach Anerkennung besteht, befindet man sich im Mangel oder in der Außenorientierung. Selbst materielle Gründe sollte man kritisch hinterfragen, um nicht Gefahr zu laufen, Ersatzbedürfnisse durch Ersatzhandlungen zu erfüllen.

Gründe aus der Fülle sind nach innen orientiert. Es geht dabei um die persönlichen Interessen, Freude, Sinnhaftigkeit, oder die Erfüllung der individuellen Grundbedürfnisse. Die Grundbedürfnisse nach Kontrolle, Orientierung, Selbstwerterhöhung und Lustgewinn sind in dieser Vorgehensweise automatisch mit abgedeckt. Das Bedürfnis nach Zugehörigkeit sollte genauer betrachtet werden, nicht selten geht es aus mangelndem Selbsterleben hervor. Zugehörigkeit entsteht automatisch über Hierarchien. Führungskompetenzen müssen entwickelt werden.
Eine Führungskraft, die ihre Aufgabe beispielsweise darin sieht, eine Arbeitsatmosphäre zu schaffen, in der alle Teammitglieder sich zugehörig fühlen, handelt aus der Fülle heraus.

Im Wozu-Quadranten beschreibt man das aktuelle Ergebnis und das angestrebte Ergebnis. In Stresssituationen wird der Vorgesetzte ungeduldig und fahrig, mit seinem Verhalten verunsichert er das Team. Für viele wäre jetzt die logische Schlussfolgerung, dass die Kompetenzentwicklung dazu führt, gelassen in Stresssituationen zu reagieren und dadurch Sicherheit zu vermitteln. Das definierte Ergebnis ist unerreichbar. Um die überlebenswichtigen Funktionen auch in schlechten Zeiten aufrechtzuerhalten, spart das Gehirn evolutionsbedingt Energie bei bewussten kognitiven Vorgängen.

In Stresssituationen wird der präfrontale Cortex stillgelegt, man hört sozusagen auf zu denken und handelt impulsiv-reaktiv mit einer sogenannten Kampf-oder-Flucht-Reaktion. Je größer das Stressempfinden, umso energieeffizienter arbeitet das Gehirn. Es greift unbewusst und automatisiert auf altbewährte Bewältigungsmechanismen zurück. Von daher ist es ratsam, stressbedingte Verhaltensweisen mit Hilfe ausgeprägter Kernkompetenzen zu verändern. Den besagten Vorgesetzten zeichnen vor allem die drei Kernkompetenzen Humor, Kreativität und Offenheit aus. Wenn das Muster in Stresssituationen aktiviert wird, sollen die Mitarbeiter ihn dabei unterstützen, das Muster zu erkennen und zu unterbrechen. Das soll zu mehr Offenheit im Umgang mit Schwächen führen sowie Spaß im Team und persönliches Wachstum fördern.

Das Wozu wird mittels Maßnahmen, Abläufen und Regeln im Was-Quadranten konkretisiert. Routinen unterstützen die Bildung von Gewohnheiten, ein spielerischer Ansatz ist der passende Rahmen, um gemeinsam Spaß zu haben. Regeln schaffen Klarheit, Transparenz und geben Sicherheit. Im letzten Schritt wird die konkrete Anwendung und Vorgehensweise im Wie-Quadranten erarbeitet und dem Team offiziell kommuniziert. Jedes Mal, wenn der Vorgesetzte fahrig wird und Unruhe verbreitet, darf derjenige, der es als erster bemerkt, den Gong schlagen. Bemerkt es der Betroffene selbst, machen alle anderen die La-Ola-Welle, bemerkt es ein anderer, zahlt der Betroffene einen fixen Betrag in die Teamkasse. Mit dem angesammelten Geld entscheidet sich das Team gemeinsam für ein außerberufliches Event.

FAZIT

Alle Übungen sind so gestaltet, dass Sie mit einer Anwendung mehrere Themen gleichzeitig trainieren. Die *4-Mat-Reflexion* fördert gezielt 17 Fähigkeiten aus den unterschiedlichen Kompetenz-Kategorien. Zudem werden zentrale Grundbedürfnisse erfüllt und, bei regelmäßiger Anwendung, multiperspektivisches Denken, Denken in Sowohl-als-auch-Mustern und metaperspektivisches Denken trainiert. Eine nachhaltige Entwicklung sollte eine Mindestdauer von 30 Übungstagen haben, an denen täglich ca. zehn Minuten investiert werden.

MUSTER ERKENNEN UND VERÄNDERN

Die Veränderung von Mustern ist die Königsklasse im Selbstcoaching. Muster sind faszinierend und extrem machtvoll, weil sie der Schlüssel für schnelle und nachhaltige Veränderung sind. Leitmuster zu knacken und direkt zu überschreiben, verändert die Sicht auf sich und andere, diese Erfahrung macht süchtig. Die Arbeit aus der Fülle setzt Fülle frei und diese braucht man nicht zu messen, man sieht und spürt sie. Wenn die Gruppen neu sind, steht jeder der vier Führungskräfte in eine Richtung und ist mit seinem Smartphone beschäftigt. Am Tag darauf komplette Wandlung, eine statische Szene ausgetauscht gegen eine lebendige. Vier Erwachsene, die miteinander Spaß haben, sich angeregt unterhalten und um einige Jahre jünger wirken. Viele Menschen tragen Masken, sie merken es nicht Mal, weil es für sie keine sind. Begrenzende Leitmuster haben ihre Prägung in der frühen Kindheit, den Personen selbst fällt es erst auf, wenn das alte Muster durch die neue Strategie ersetzt wird.

Was Hänschen gelernt hat, wird Hans leben

Ein Muster ist mit einem internen Netzwerk vergleichbar, das aus verschiedenen Elementen besteht, die ineinandergreifen. Muster steuern die menschliche Wahrnehmung und die Informationsverarbeitung und somit auch das Denken, Handeln und Fühlen. Zudem sind sie immer auch bio-psychische Ereignisse. Ein sich wiederholendes Angst-Muster, wie beispielsweise die Prüfungsangst, aktiviert das sympathische und parasympathische Nervensystem. Spezielle Bereiche im limbischen System veranlassen die Ausschüttung von Hormonen und dadurch erhöht sich der Herzschlag.

Die Ursache für Muster ist vielfältig und reicht von angeborener Neigung über Prägung, einschneidende Erlebnisse bis hin zu unerfüllten Grundbedürfnissen und dem Phänomen der Überfürsorglichkeit. Muster sind Bewältigungsstrategien, sie vereinfachen menschliches Vorgehen, weil nicht jedes Mal neues Verhalten entwickelt werden muss, sondern auf bereits vorhandene Gewohnheiten zurückgegriffen werden kann.

Lebensfallen

Es gibt sogenannte Lebensfallen, die sich an ihren emotionalen, biographischen Ursprung zurückverfolgen lassen. Sie werden meistens als belastend wahrgenommen. Je nach angeborenem Temperament und Nicht-Erfüllung zentraler Grundbedürfnisse, werden bereits im frühen Kindesalter sehr emotionale, situative Ereignisse als eigenständiges Erlebnisnetzwerk abgespeichert. Aus diesem Erlebnisnetzwerk wird ein stabiles, komplexes Gebilde aus Überzeugungen und den damit verbundenen Erinnerungen, Wahrnehmungen und Gefühlen gebildet – ein dysfunktionales Muster. Dieses erlernte Innenweltnetzwerk ist vernetzt mit bestimmten Kontextfaktoren im Außen. Reize von außen und auch von innen können diese Musterbildungen jederzeit reaktivieren und über wiederholtes Erleben festigen. Dabei spielt es keine Rolle, welche Art emotionalen Erlebens reaktiviert wird. Da ein Muster ein subjektives Gefühl von Sicherheit erzeugt, werden auch belastende Muster fortgesetzt.

Zielführende und Nicht-Zielführende-Muster

Um schmerzhafte Erfahrungen aus der Vergangenheit nicht wiederholt zu erleiden, entwickeln Menschen in die Zukunft gerichtete, zweckgebundene Reaktionsmuster. Ein aktiviertes dysfunktionales Muster löst bestimmte Handlungs-, Fühl- und Denkweisen aus, die meistens dem Zweck dienen, unerfüllte Grundbedürfnisse durch Ersatzhandlungen zu befriedigen. Das daraus resultierende Ersatzgefühl wird zum Lieblingsgefühl, das sich durch Wiederholungen festigt. Diese, meist unbewussten, Psychodynamiken finden auf der tieferen Ebene der Persönlichkeit statt. Durch wiederholte Musteraktivierung kann sich ein suchtähnlicher, gesundheitsgefährdender Charakter bilden, zudem wirken sie sich negativ auf die Gestaltung zwischenmenschlicher Beziehungen aus.

BEWUSSTSEIN KOMMT VOR VERÄNDERUNG

Muster sind stabile Gebilde. Um sie zu verändern, müssen sie zunächst bewusst werden. Jemand, der gelernt hat, die Bedürfnisse anderer vor seine eigenen zu stellen und den vermittelnden Part in Gruppen zu übernehmen, ist meist sehr harmoniebedürftig. Geselligkeit und Gemeinschaft stellen wichtige Werte dar und mit aller Wahrscheinlichkeit ist die Person, die diese verinnerlicht, konfliktscheu. Konflikte werden auf der Beziehungsebene wahrgenommen. Aus der Grundannahme für das Wohl der anderen sorgen zu müssen, mündet ein im Außen orientiertes Verhalten. Meist wollen die Personen gemocht werden und sie optimieren unbewusst ihre Strategien, um Konflikte zu vermeiden. Erst, wenn der Leidensdruck steigt und die individuelle Schmerzgrenze erreicht ist, werden Konfliktbewältigungsmechanismen ausprobiert.

Emotional geladene Erfahrungen, vor allem die, die als bedrohlich wahrgenommen werden, tragen ihren Teil zur Aufrechterhaltung des Musters bei. Vorgänge aus dem limbischen System, dem emotionalen Gehirn, sind um ein Vielfaches schneller als Vorgänge des Großhirns, dem rationalen Gehirn. Das emotionale Gehirn sicherte, evolutionsbedingt, das Leben und Überleben und ist in der Phase der Entwicklung von Säugetieren entstanden. Abläufe im emotionalen Gehirn sind nicht bewusst zugänglich und nicht direkt steuerbar. Wenn sie aktiviert werden, vernetzen sie sich rasant in andere Hirnareale und den Körper hinein.

Reaktiv und proaktiv

Reaktive Verhaltensweisen sind sozusagen fremdgesteuert, die Reaktion erfolgt automatisiert und meist unbewusst. Um ein reaktives Muster zu verändern, muss man den Auslöser und die dazugehörige Bewältigungsstrategie erkennen. Es gibt überwiegend drei Auslöser: Kontext, Person oder Thema. Diese können einzeln oder sich verstärkend aktiviert werden. Die Aktivierung zu verhindern ist fast unmöglich, stattdessen kann das Muster zeitnahe unterbrochen werden. Die Musterunterbrechung stört den gewohnten Ablauf und kann dadurch nicht fortgesetzt werden.

RAUM FÜR NEUES
REIZ
REAK-TION

MUSTERUNTERBRECHUNG IN DREI SCHRITTEN

1. Sei dein Coach

Beobachten Sie sich selbst, sobald Sie die Musteraktivierung bemerken. Notieren Sie ihre Beobachtung. Was war der Auslöser für das Muster und wer war an der Situation beteiligt? Beschreiben Sie die Situation so genau wie möglich.

2. Gedankenstopp

Unterbrechung des Musters durch einen Stopp. Sie können es laut aussprechen oder leise mit einer Geste unterstreichen und Ihrem Muster beispielsweise innerlich die Rote Karte zeigen. Wählen Sie eine Variante, mir der Sie sich wohlfühlen.

Die Schritte 1 und 2 sind die ersten Male völlig ausreichend. Menschen lassen sich nicht vorhersehbar steuern, von daher wird die Unterbrechung nicht immer gelingen. Ein wohlwollender Umgang mit sich und dem Muster ist an dieser Stelle wichtig. In schwierigen Situationen war diese Bewältigungsstrategie seinerzeit zielführend und jetzt nicht mehr.

3. Sei proaktiv und selbstbestimmt!
Erarbeiten Sie eine neue Strategie, die den gegenwärtigen Zielen dient. Nutzen Sie die *4-mat-Reflexion* am Ende des Kapitels. Ersetzen Sie das alte Muster durch das neue. Mit jedem gelungenen Mustertausch wird das alte Programm überschieben.

A, B, C – MODELL

In der Psychologie geht man davon aus, dass der Mensch auf einen inneren und äußeren Reiz mit einer Reaktion reagiert. Albert Ellis hat erkannt, dass nicht nur äußere und innere Reize zu emotionalem Erleben und Handlungen führen, er entdeckte einen meist unbewussten Zwischenschritt. Wenn zwischen dem Reiz und der Reaktion eine limitierende Bewertung stattfindet, steuert die Bewertung das emotionale Erleben. Menschen urteilen, interpretieren oder werten und werden zu emotionalen Gefangenen ihrer eigenen Gedanken.

Auch wenn die Vorstellung von dem, wie etwas zu sein hat, von der realen Situation abweicht, ist die Differenz das gefühlte Mangelerleben. Erwartungen, Vorstellungen, Idealbilder, Regeln, Prinzipien - all das sind letzten Endes Gedanken, die das emotionale Erleben in die eine und in die andere Richtung beeinflussen können. Aussagen wie: „Das macht man nicht"; „so etwas gehört sich nicht"; „man muss doch"; „wie kann man nur" sind moralische Richtungswerte mit emotionaler Wirkung. Ein Auto wird gepflegt und regelmäßig zur Inspektion gefahren, jedoch werden Gedanken selten auf den Prüfstand gestellt.

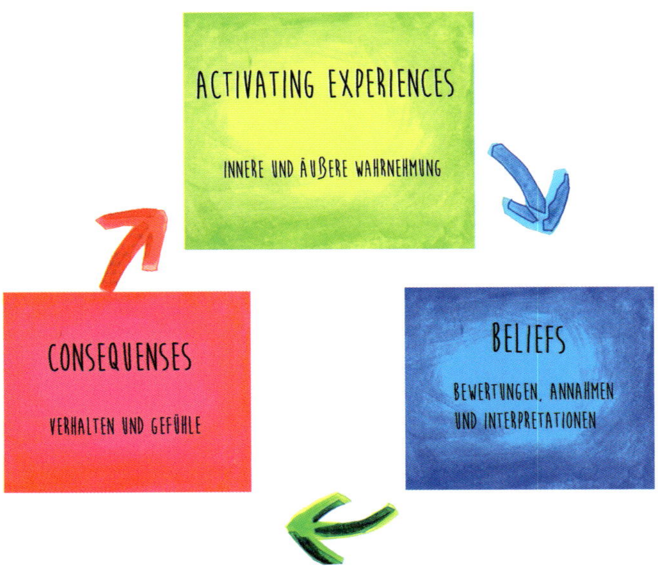

WAS IST, IST. WAS DU HINZUFÜGST, MACHT DEIN ERLEBEN AUS!

Ein Zitat des kognitiven Verhaltenstherapeuten Jens Corssen. Ein Beispiel, das er in diesem Kontext häufig verwendet: Es regnet. Also H2O fällt vom Himmel. Punkt. Aber was ich hinzutue, das bestimmt mein Erleben und Verhalten. Das heißt, wenn ich jetzt Sauwetter hinzufüge, dann fühle ich mich höchstwahrscheinlich schlecht. Dabei gibt es doch kein Sauwetter, es gibt nur ein ungünstiges Wetter für meine Vorstellungen. Ungünstig für das, was ich gerade vorhabe.

PRAXISTRANSFER

Das A,B,C-Modell ist hervorragend geeignet, um sich selbst zu reflektieren und Muster zu erkennen. Täglich zehn Minuten sind ausreichend, um den Bewusstheitsgrad zu erhöhen. Wählen Sie einen Kontext aus; Beruf oder Beziehungen. Analysieren Sie eine Woche lang täglich mindestens zwei Situationen wie folgt.

A steht für das Ereignis, die Situation B ist die Bewertung, der Gedanke, der dem Ereignis hinzugefügt wird. Das C steht für Consequence und wird nachfolgend in das emotionale Erleben (E) und Verhalten (V) unterteilt.

Fokussieren Sie sich in der ersten Woche ausschließlich auf negatives Erleben. Halten Sie ihr emotionales Erleben für jedes Ereignis separat fest. Vergleichen Sie die Intensität von negativ und positiv erlebten Situationen und vergleichen Sie die einzelnen Skalenwerte emotionalen Erlebens.

A = Zug verpasst

B = Ich schaffe es nicht zu meinem Kundentermin

E = Wut

V = Leicht aggressives Verhalten dem Bahnangestellten gegenüber, der versucht hat, zu helfen

Skalenabfrage emotionales Erleben

von 0 = keine bis 10 = extrem

Skalenwert: ____

In der zweiten Woche wiederholen Sie die Vorgehensweise und wählen wieder einen spezifischen Kontext aus; Beruf oder Beziehungen. Analysieren Sie eine Woche lang mindestens zwei Situationen wie beschrieben und trennen Sie das Verhalten von der Emotion. Fokussieren Sie sich in der zweiten Woche ausschließlich auf positives Erleben. Halten Sie ihr emotionales Erleben für jedes Ereignis separat fest. Vergleichen Sie die Intensität von negativ und positiv erlebten Situationen und vergleichen Sie die einzelnen Skalenwerte des emotionalen Erlebens. Wiederholen Sie den kompletten Prozess für den zweiten Kontext.

A = Mein Vorgesetzter hat mich gelobt

B = Seine Anerkennung ist mir wichtig

E = Freude

V = verstärkt, noch mehr gearbeitet

Skalenabfrage emotionales Erleben

von 0 = keine bis 10 = extrem

Skalenwert: ___

Alle Übungen sind so gestaltet, dass Sie mit einer Anwendung mehrere Themen gleichzeitig trainieren. Die *4-Mat-Reflexion* fördert gezielt 17 Fähigkeiten aus den unterschiedlichen Kompetenz-Kategorien.

Zudem werden zentrale Grundbedürfnisse erfüllt und, bei regelmäßiger Anwendung, multiperspektivisches Denken, Denken in Sowohl-als-auch-Mustern und metaperspektivisches Denken trainiert.

Eine nachhaltige Entwicklung sollte eine Mindestdauer von 30 Übungstagen haben, an denen täglich ca. zehn Minuten investiert werden.

REFLEXION

Warum-Quadrant
Notieren Sie sich wiederholende Auslöser Ihrer Selbstreflexion
Variiert Ihr emotionales Erleben? Wenn ja, warum?

Was-Quadrant
Was haben Sie an Bewertungen hinzugefügt?

Wie-Quadrant
Wie wollen Sie die Bewertung verändern?
Notieren Sie ein paar Möglichkeiten.

Wozu-Quadrant
Wozu soll das führen?
Gibt es noch eine bessere Option?

INNERE ANTREIBER – SELBSTERKENNTNIS FÜHRT ZU MENSCHENKENNTNIS

Im frühen Kindesalter werden Anweisungen der nächsten Bezugspersonen verinnerlicht und prägen dann ein Leben lang das Verhalten. Aus einer Vielzahl komplexer Grundüberzeugungen werden Verhaltensrichtlinien für unterschiedliche Lebenssituationen entwickelt. Antreiber sind nichts anderes als Muster, die durch ihre Zuordnung im Sprach- und Verhaltensausdruck erkennbar werden. Antreiber sind häufig unbewusst und können förderlich oder einschränkend sein. Meist steuern sie in gewissen Lebensbereichen automatisiert das Verhalten, vor allem in Stresssituationen folgt man ihnen beinahe zwanghaft. Daraus resultiert oftmals ein negatives Selbsterleben. Das tückische an den Antreibern ist jedoch, dass unter Druck die Anforderungen, resultierend aus den Antreibern, unerfüllbar sind und darüber hinaus die Gesundheit beeinträchtigen können.

ANTREIBER-TEST

Das Modell *innerer Antreiber* kommt aus der Transaktionsanalyse, die darunter elterliche Forderungen versteht, mit denen konventionelle, kulturelle und soziale Vorstellungen verbunden sind. Als Eltern-Gebote haben diese Botschaften für Kinder einen Absolutheitscharakter, der nicht angezweifelt wird, denn ihre Nichteinhaltung könnte zur Folge haben, nicht mehr geliebt zu werden. Erst im Erwachsenenalter haben wir die Möglichkeit, zu erkennen, dass es Alternativen zu den elterlichen Botschaften gibt. Zu diesem Zeitpunkt haben sich diese Botschaften jedoch schon stark im Unterbewusstsein verankert. Unbedacht versuchen wir daher auch als Erwachsene, im Privat- wie im Berufsleben die Forderungen der Gebote zu erfüllen, als ob wir unter einem geheimen Zwang stünden.

Mit Hilfe des nachfolgenden Tests können Sie Ihre Ausprägung der einzelnen Antreiber herausfinden. Stark ausgeprägte Antreiber (ab ca. 30 Punkten) können eine Eigendynamik entwickeln, sie kontrollieren immer stärker die innere Einstellung und das Verhalten: Man treibt sich selbst immer stärker an, um zu mehr Erfolg und Anerkennung zu kommen, erreicht aber nur mehr Stress (bei sich und anderen) und damit das Gegenteil von dem, was man sich erhofft. Über einer Höhe von ca. 40 Punkten können sich Antreiber sogar gesundheitsgefährdend auswirken.

Beantworten Sie die Aussagen dieses Tests mit Hilfe der Bewertungsskala (1 - 5), so wie Sie sich **im Moment in Ihrer Berufswelt** selbst sehen.

Bewertungsskala:

Die Aussage trifft auf mich in meiner Berufswelt zu:

VOLL UND GANZ	5
ZIEMLICH	4
ETWAS	3
KAUM	2
GAR NICHT	1

Kreuzen Sie bei jeder Formulierung den für Sie passenden Zahlenwert an.

Bitte antworten Sie spontan und „erraten“ Sie nicht, was richtig sein konnte.

1	1 2 3 4 5	Wenn ich eine Arbeit mache, dann mache ich sie gründlich.
2	1 2 3 4 5	Ich fühle mich verantwortlich, dass diejenigen, die mit mir zu tun haben, sich wohlfühlen.
3	1 2 3 4 5	Ich bin ständig auf Trab.
4	1 2 3 4 5	Wenn ich raste, roste ich.
5	1 2 3 4 5	Anderen gegenüber zeige ich meine Schwächen nicht gerne.
6	1 2 3 4 5	Häufig gebrauche ich den Satz: „Es ist schwierig, etwas so genau zu sagen“.
7	1 2 3 4 5	Ich sage oft mehr, als eigentlich nötig wäre.
8	1 2 3 4 5	Ich habe Mühe, Leute zu akzeptieren, die nicht genau sind.
9	1 2 3 4 5	Es fällt mir schwer, Gefühle zu zeigen.
10	1 2 3 4 5	„Nur nicht lockerlassen“, ist meine Devise.
11	1 2 3 4 5	Wenn ich eine Meinung äußere, begründe ich sie.
12	1 2 3 4 5	Wenn ich einen Wunsch habe, erfülle ich ihn mir schnell.
13	1 2 3 4 5	Ich liefere einen Bericht erst ab, wenn ich ihn mehrere Male überarbeitet habe.
14	1 2 3 4 5	Leute, die „herumtrödeln“, regen mich auf.
15	1 2 3 4 5	Es ist für mich wichtig, von anderen akzeptiert zu werden.
16	1 2 3 4 5	Ich habe eher eine harte Schale, aber einen weichen Kern.

17	1 2 3 4 5	Ich versuche oft herauszufinden, was andere von mir erwarten, um mich danach zu richten.
18	1 2 3 4 5	Leute, die unbekümmert in den Tag hineinleben, kann ich nur schwer verstehen.
19	1 2 3 4 5	Bei Diskussionen unterbreche ich die anderen oft.
20	1 2 3 4 5	Ich löse meine Probleme selbst.
21	1 2 3 4 5	Aufgaben erledige ich möglichst rasch.
22	1 2 3 4 5	Im Umgang mit anderen bin ich auf Distanz bedacht.
23	1 2 3 4 5	Ich sollte viele Aufgaben noch besser erledigen.
24	1 2 3 4 5	Ich kümmere mich persönlich auch um nebensächliche Dinge.
25	1 2 3 4 5	Erfolge fallen nicht vom Himmel, ich muss sie hart erarbeiten.
26	1 2 3 4 5	Für dumme Fehler habe ich wenig Verständnis.
27	1 2 3 4 5	Ich schätze es, wenn andere meine Fragen rasch und bündig beantworten.
28	1 2 3 4 5	Es ist mir wichtig, von anderen zu erfahren, ob ich meine Sache gut gemacht habe.
29	1 2 3 4 5	Wenn ich eine Aufgabe einmal begonnen habe, führe ich sie auch zu Ende.
30	1 2 3 4 5	Ich stelle meine Wünsche und Bedürfnisse zugunsten der Bedürfnisse anderer Personen zurück.
31	1 2 3 4 5	Ich bin anderen gegenüber oft hart, um von ihnen nicht verletzt zu werden.
32	1 2 3 4 5	Ich trommle oft ungeduldig mit den Fingern auf den Tisch (ich bin ungeduldig).
33	1 2 3 4 5	Beim Erklären von Sachverhalten verwende ich gerne die klare Aufzählung: Erstens...., zweitens........, drittens................
34	1 2 3 4 5	Ich glaube, dass die meisten Dinge nicht so einfach sind, wie viele meinen.

35	1 2 3 4 5	Es ist mir unangenehm, andere Leute zu kritisieren.
36	1 2 3 4 5	Bei Diskussionen nicke ich häufig mit dem Kopf.
37	1 2 3 4 5	Ich strenge mich an, um meine Ziele zu erreichen.
38	1 2 3 4 5	Mein Gesichtsausdruck ist eher ernst.
39	1 2 3 4 5	Ich bin nervös.
40	1 2 3 4 5	So schnell kann mich nichts erschüttern.
41	1 2 3 4 5	Meine Probleme gehen die anderen nichts an.
42	1 2 3 4 5	Ich sage oft: „Tempo, Tempo, das muss rascher gehen!“
43	1 2 3 4 5	Ich sage oft: „genau“, „exakt“, „logisch, „klar“ u.a.
44	1 2 3 4 5	Ich sage oft: „Das verstehe ich nicht...“
45	1 2 3 4 5	Ich sage gerne: „Könnten Sie es nicht einmal versuchen?“ und sage nicht gerne: „Versuchen Sie es einmal.“
46	1 2 3 4 5	Ich bin diplomatisch.
47	1 2 3 4 5	Ich versuche, die an mich gestellten Erwartungen zu übertreffen.
48	1 2 3 4 5	Ich mache manchmal zwei Tätigkeiten gleichzeitig.
49	1 2 3 4 5	„Die Zahne zusammenbeißen“ heißt meine Devise.
50	1 2 3 4 5	Trotz enormer Anstrengungen will mir vieles einfach nicht gelingen.

Zur Auswertung des Fragebogens übertragen Sie bitte Ihre Bewertungen für jede entsprechende Frage auf den folgenden Auswertungsbogen.

Zählen Sie die Bewertungszahlen anschließend pro Block zusammen.

„SEI PERFEKT"					
Fragen:	1_	8_	11_	13_	23_
	24_	33_	38_	43_	47_
				Total:	

„MACH SCHNELL"					
Fragen:	3_	12_	14_	19_	21_
	27_	32_	39_	42_	48_
				Total:	

„STRENG DICH AN"					
Fragen:	4_	6_	10_	18_	25_
	29_	34_	37_	44_	50_
				Total:	

„MACH ES ALLEN RECHT“					
Fragen:	2_	7_	15_	17_	28_
	30_	35_	36_	45_	46_
				Total:	

‚SEI STARK“					
Fragen:	5_	9_	16_	20_	22_
	26_	31_	40_	41_	49_
				Total:	

Auswertung:

bis 30 Punkte: förderlich
ab 30 Punkte: mögliche Leistungsbeeinträchtigung
ab 40 Punkte: möglicherweise gesundheitsgefährdend

DIE ANTREIBER

Der Psychologe Taibi Kahler entwickelte 1974, auf Basis der Transaktionsanalyse, das Modell der *Inneren Antreiber*. Dabei handelt es sich um verinnerlichte Eltern-Gebote, die für Kinder einen Absolutheitscharakter haben. Folgt man den Anweisungen, kann man sich der Anerkennung seiner Bezugspersonen sicher sein, was im Umkehrschluss bedeutet, dass man sich schlecht fühlt, wenn man sie nicht befolgt. *Innere Antreiber* sind mit spezifischen Verhaltensweisen verbunden, die von den Reaktionsmustern der nächsten Bezugspersonen abgeschaut und nachgeahmt werden.

Daraus leiten Kinder eine Vorstellung darüber ab, wie das soziale Miteinander funktioniert und sie entscheiden unbewusst, welche Rolle sie dabei einnehmen. Durch Wiederholung entsteht ein unbewusstes System tief verwurzelter Überzeugungen und Werte über das Leben und das eigene Sein. Ebenso resultieren Verhaltens- und Beziehungsmuster, um Begegnungen und Herausforderungen besser zu bewältigen. Antreiber sind richtungsweisend, sodass man weiß, wie man sich in neuen Situationen verhalten soll, um die Zustimmung und Akzeptanz seines Umfeldes zu erhalten. Im Laufe der Entwicklung manifestieren sich diese Botschaften zu festen Grundüberzeugungen. Mögliche Überzeugungen lauten: „Mach bloß keine Fehler!"; „Sei immer liebenswürdig!"; „Lass niemals Schwäche zu!". Das Konzept der inneren Antreiber bietet die Möglichkeit, begrenzende und förderliche Verhaltens- und Beziehungsmuster zu erkennen, zu verstehen und zu verändern.

Antreiber in der Mitarbeiterentwicklung

Als Führungskraft ist es von Vorteil, das Konzept der *Inneren Antreiber* zu kennen und zu berücksichtigen. Zum einen, um selbstbestimmter führen zu können und zum anderen, um Aufgaben typgerecht zu verteilen. Ein Mitarbeiter mit einem hohen „Mach es allen recht!"-Antreiber ist meist ein guter Vermittler und Dienstleister. Jedoch läuft man mit diesem Antreiber Gefahr, sich zu überfordern. Das Streben nach Anerkennung und Bestätigung steht im Vordergrund. Ist das Arbeitspensum scheinbar nicht mehr zu bewältigen, sinkt die Motivation, was zu Lasten der Arbeitsqualität geht. An dieser Stelle besteht die Aufgabe der Führungskraft darin, das Bewusstsein der Mitarbeiter für ihre inneren Antreiber zu sensibilisieren und, bei aller gebotenen Wertschätzung, entsprechende Maßnahmen zu initiieren. Dies geschieht immer mit dem Ziel, den Bewusstheitsgrad durch Selbsterkenntnis zu erhöhen und die Mitarbeiter dabei zu unterstützen, achtsamer mit sich selbst umzugehen.

Mitarbeiterentwicklungsgespräche sind eine gute Möglichkeit, ein vertrauensvolles Verhältnis vorausgesetzt, um die Antreiber jedes Einzelnen zu ermitteln. Erfahrungsgemäß sind Menschen an ihrer persönlichen Entwicklung interessiert und stehen solchen Maßnahmen offen und neugierig gegenüber. Nach einer Einführung in das Konzept ist jeder Mitarbeiter in der Lage, eigenständig den Antreiber-Test durchzuführen. Die Ergebnisse dieses wissenschaftlich anerkannten Tests können gemeinsam reflektiert werden, um daraus konkrete Maßnahmen abzuleiten. Das Konzept der Antreiber ist unter anderem dazu geeignet, Stress zu reduzieren, das Verständnis im Team zu fördern, die Selbstführungskompetenz auszubauen, Zeitfresser zu identifizieren und Projektteams zusammenzustellen. Natürlich macht es in hohem Maße Sinn, dass die Führungskraft selbst ihre Antreiber kennt und seine persönlichen Erfahrungen im Gespräch mit den Mitarbeitern einbringt. Der offene Umgang damit fördert das Vertrauen und baut gleichzeitig mögliche Hemmschwellen ab.

Wenn Antreiber Stress verursachen

Überdurchschnittlich stark ausgeprägte Antreiber decken, über die präferierten Arbeitsstile hinaus, Stresspotentiale auf, die sowohl die Arbeitsergebnisse als auch die Gesundheit beeinflussen können. Unter Stress greifen Menschen auf bewährte Verhaltensmuster zurück, die meist stressverstärkend sind. Stress ist ein Bestandteil des Lebens und keineswegs rein negativ zu betrachten. Stress fordert Menschen heraus und erhöht unter Umständen das Leistungspotential. Zu viel Stress ist jedoch gesundheitsgefährdend. In Kombination verstärken sich die Antreiber-Effekte. Ein „Sei perfekt!"- Antreiber führt in Kombination mit dem „Mach schnell!"-Antreiber häufig zu unerbittlichen Ansprüchen. In dieser Kombination treibt man sich innerlich selbst mit einer Peitsche bis zur Bestleistung an.

Antreiber, die unterdurchschnittlich ausgeprägt sind, zeigen auf, welche Maßnahmen erforderlich sind, um wirkungsvoll ins Tun zu kommen. Schon das Bewusstsein über die eigenen Antreiber erleichtert es, Stresspotentiale zu erkennen, zu reduzieren oder diesen entgegenzusteuern. Sind die Mitarbeiter in einem Team mit diesem Konzept vertraut, können sie recht schnell einschätzen, wer welche Stärken hat und selbst entscheiden, wer am besten für welche Arbeit geeignet ist. Dadurch steigt der Grad an Eigenständigkeit und Effektivität.

FÜNF INNERE ANTREIBER

SEI PERFEKT!

Kerstin hat einen stark ausgeprägten perfektionistischen Antreiber. Sie ist sehr ehrgeizig und spürt in jedem Dokument auch den letzten Rechtschreibfehler auf. In ihrem Beruf strebt sie nach Vollkommenheit, achtet auf Details und zieht jegliche Hintergrundinformationen in Betracht. Meist sieht sie, dass auf dem Weg zur Perfektion noch etwas fehlt und setzt das, was bereits geleistet wurde, als selbstverständlich voraus. Ihre Mitarbeiter fühlen sich, aufgrund der hohen Ansprüche, überfordert. Unbewusst überträgt sie ihren Leistungsanspruch auf ihre Mitarbeiter, ohne sich der Konsequenzen bewusst zu sein.

Mitarbeiter mit hohem „Sei perfekt!"- Antreiber lösen bei anderen das Gefühl aus, nicht gut genug zu sein. Führungskräfte mit hohem „Sei perfekt!"-Antreiber neigen dazu, die Arbeit ihrer Mitarbeiter stark zu kontrollieren und haben Schwierigkeiten beim Delegieren von Aufgaben.

Strebt nach Perfektion und Anerkennung

- Gründlich und zuverlässig
- Rückversicherung; (setzt beispielsweise in E-Mails viele in den CC)
- Überhöhte Selbst- und Fremdkritik
- Perfektion zu Lasten von Zeitaufwand und Kosten
- Erhofft sich Anerkennung über Leistung

TO DO:

PRAXISTRANSFER

Erarbeiten Sie Maßnahmen, um ihre Mitarbeiter-Antreiber gerecht zu unterstützen.

Ziele, Teilziele und Kontrollpunkte definieren.

SEI STARK!

Tobias ist rational, legt Wert auf Fakten und führt stringent über Kennzahlen. Gefühle zu haben und sie zu äußern, ist für ihn gleichbedeutend mit Schwäche. Er hat ein hohes Durchhaltevermögen, ist sehr belastbar und fungiert als Ruhepol in Krisensituationen. Sein Verhalten ist stets korrekt, Probleme löst er selbst und bewahrt dabei immer Haltung. Als überzeugter Einzelgänger fragt er nie nach Hilfe. Für seine Mitarbeiter ist Tobias nicht greifbar. Seine Mimik und Gestik ist ausdruckslos, weshalb er kaltherzig, gleichgültig und fast schon diktatorisch auf seine Mitarbeiter wirkt.

Mitarbeiter mit hohem „Sei stark!"-Antreiber gehen an ihre physischen und psychischen Grenzen. Es kommt entweder zu Reibungen oder man unterwirft sich ihnen bedingungslos. Führungskräfte mit diesem Antreiber neigen dazu, alles auf der sachlichen Ebene lösen zu wollen und sie haben keine Antennen für die emotionalen Kommunikationssignale und Bedürfnisse ihrer Mitarbeiter.

Nimmt keine Hilfe an und lässt keine Schwächen zu

- Sachliche, rationale Sprache
- Verbirgt seine Gefühle
- Zeigt kein Anzeichen von Schwäche
- Großes Durchhaltevermögen und Durchsetzungsvermögen
- Widerstandsfähig; willens, Dinge voranzutreiben

PRAXISTRANSFER

Erarbeiten Sie Maßnahmen, um ihre Mitarbeiter-Antreiber gerecht zu unterstützen.

Mit gezielter Öffnung in Vorleistung gehen, von eigenen Erfahrungswerten berichten.

MACH ES ALLEN RECHT!

Lena weiß, was jede ihrer Freundinnen mag und ist bekannt dafür, die passendsten Geschenke zu besorgen. Sie hat immer ein offenes Ohr, hört geduldig zu, auch wenn sich Themen wiederholen. Manchmal ärgert sie sich, weil sie nicht Nein sagen kann und oftmals selbst zu kurz kommt. Vor allem wenn es um ihre Mutter geht, schafft sie es nicht, sich abzugrenzen. Sie hat stets das schlechte Gefühl, nicht genug zu tun, was ihre Mutter wiederum gut zu nutzen weiß. Lena weiß, dass sie etwas ändern muss, in letzter Zeit hatte sie des Öfteren Diskussionen mit ihrem Mann, weil aus seiner Sicht die Familie zu kurz kommt.

Mitarbeiter mit hohem „Mach es allen recht!"-Antreiber fühlen sich für das Wohl anderer verantwortlich und wollen gemocht werden. Sie stellen ihre eigenen Bedürfnisse hinten an und kommen dabei häufig selbst zu kurz. Oftmals fühlen sie sich ausgenutzt und sind enttäuscht, wenn ihr Bemühen nicht mit Dank anerkannt wird. Führungskräfte neigen dazu, sich zwischen den eigenen Erwartungen und denen der Mitarbeiter aufzureiben.

Will gemocht werden und ist im Außen orientiert

- Übernimmt die Arbeiten anderer
- Scheut offene Konflikte
- Freundlich und stellt sein Licht unter den Scheffel
- Kann nicht Nein sagen
- Wird häufig ausgenutzt

PRAXISTRANSFER

Erarbeiten Sie Maßnahmen, um ihre Mitarbeiter-Antreiber gerecht zu unterstützen.

Lernen, bewusst „Ja“ zu dem zu sagen, was einem selbst wichtig ist.

STRENG DICH AN!

Christian zeigt Initiative, er ist immer daran interessiert, sich weiterzuentwickeln und neue Aufgaben anzugehen. Wenn sein Chef ein schwieriges Projekt umsetzten will, fällt seine Wahl auf ihn. Er ist immer dazu bereit, sich mit viel Fleiß und Schweiß einzubringen, dabei versäumt er meistens, Prioritäten zu setzen. Für Christian muss Arbeit anstrengend sein, er gibt generell nichts auf leichte Lösungen. Er müht sich regelrecht ab, um eine Lösung zu finden, egal wie aussichtslos die Situation zu sein scheint. Spaß gehört für ihn nicht in den beruflichen Kontext, er nimmt sich und seine Arbeit sehr ernst, dadurch wirkt er auf seine Kollegen sehr verbissen.

Mitarbeiter mit hohem „Streng dich an!"-Antreiber zweifeln stets an ihrer Leistung und haben nur durch Anstrengung das Gefühl, etwas geleistet zu haben. Sie leben in ständiger Befürchtung, dass andere besser sind und wirken dem durch noch mehr Anstrengung entgegen. In der Führung besteht die Gefahr, das Vertrauen und den Respekt der Mitarbeiter zu verlieren.

Zweifelt an der eigenen Leistungsfähigkeit

- Kann Erfolge selten richtig genießen
- Pflichtbewusst, fleißig und hohe Einsatzbereitschaft
- Steht unter hohem Leistungsdruck
- Erfolge müssen auf Anstrengung basieren
- Quantität geht vor Qualität

PRAXISTRANSFER

Erarbeiten Sie Maßnahmen, um ihre Mitarbeiter-Antreiber gerecht zu unterstützen.

Ergebnisse herausstellen und die anerkennen, die ohne Anstrengung erreicht wurden.

MACH SCHNELL!

Jens steht häufig unter Strom, er wirkt vor allem dann unruhig, wenn er Situationen nicht selbst in der Hand hat. Dann fühlt er sich ausgebremst, wirkt fahrig und unruhig. Neulich, als er in Eile war, hatte er eine Straßensperrung nicht berücksichtigt und musste einen Umweg zur Arbeit nehmen. Die Zeit drängte, da er einen Termin mit seinem Projektteam angesetzt hatte und ihm Pünktlichkeit sehr wichtig ist. Er spürte den aufkommenden Ärger und damit einhergehend erhöhte sich sein Pulsschlag. Ihm wurde warm, seine Handinnenflächen begannen zu schwitzen und er verspürte inneren Druck.

Mitarbeiter mit hohem „Mach schnell!"-Antreiber wirken häufig fahrig und unruhig. Kennzeichnend sind Dynamik, Tempo, Arbeiten unter Zeitdruck und Stressresistenz Mit diesem Antreiber tendiert man dazu, seinem Gegenüber ins Wort zu fallen und seine Sätze zu beenden. In Stresssituationen stecken Führungskräfte ihr gesamtes Team mit ihrer Unruhe an, was zu Lasten des Sicherheitsempfindens gehen kann.

Alles muss sofort erledigt werden

- Ständig gehetzt, hektisch, unruhig
- Bearbeitet mehrere Aufgaben parallel
- Vermeidet Pausen und neigt zu Fehlern
- Ruhiges und konzentriertes Arbeiten kaum möglich
- Denkt und lebt in der Zukunft; hat das Grundgefühl, etwas zu verpassen

PRAXISTRANSFER

Erarbeiten Sie Maßnahmen, um ihre Mitarbeiter-Antreiber gerecht zu unterstützen.

Die Arbeit in Etappen planen und Zeitpunkte mit Etappenzielen festlegen.

DEN ANTREIBERN AUF DER SCHLICHE

Da innere Antreiber oft tief verwurzelt sind, gilt es im ersten Schritt, seine Antreiber in den unterschiedlichen Kontexten zu identifizieren. Zunächst ist es wichtig, Bewusstsein zu schaffen und im zweiten Schritt das Antreiber-Verhalten zu regulieren.

REFLEXION

Wie agieren Sie in schwierigen Situationen, wenn Sie überfordert sind? Beschreiben Sie Ihr Verhalten, bedingt durch die zwei Hauptantreiber, im beruflichen Kontext. Achten Sie dabei auf wiederkehrende Aussagen, die unter Stress getätigt werden.

Antreiber ______________________________

Antreiber ______________________________

Welche Annahme haben Sie über die Entstehung Ihrer Antreiber? Was wurde Ihnen von Ihren Bezugspersonen als Idealbild vorgelebt?

Inwieweit und in welchem Umfang hat der Antreiber heute noch eine berechtigte Funktion? Was haben Ihre Antreiber Ihnen ermöglicht? Zählen Sie konkrete Situationen auf.

PRAXISTRANSFER

Das A,B,C-Modell ist hervorragend geeignet, um sich selbst zu reflektieren und Muster zu erkennen. Tägliche Übungen, im Umfang von zehn Minuten, sind ausreichend, um den Bewusstheitsgrad zu erhöhen.

Wählen Sie einen Kontext aus; Beruf oder Beziehungen. Analysieren Sie eine Woche lang täglich Ihr Antreiber-Verhalten.

A steht für das Ereignis, die Situation B ist die Bewertung, der Gedanke, der dem Ereignis hinzugefügt wird. Das C steht für Consequence und wird nachfolgend in das emotionale Erleben (E)und Verhalten (V) unterteilt.

A = Auslöser; Ereignis
Mein Chef hat kurzfristig den Termin für eine Besprechung vorgelegt und ich hatte meine Präsentation noch nicht fertig.

B = Bewertung, Beurteilung
Das kann er nicht machen. Ich bin nicht gut genug vorbereitet.

E = Emotionales Erleben
Panik, gemischt mit Ärger

V = Verhalten
Leicht aggressive Stimme am Telefon und nervöses Trommeln auf dem Schreibtisch.

Skalenabfrage Emotionales Erleben

von 0 = keine bis 10 = extrem

Skalenwert: ____

Der erste Schritt besteht darin, sich darüber bewusst zu werden, dass der Antreiber aktiv ist. Antreiber hatten ursprünglich eine positive Absicht. Aus einer neutralen Sicht kann die Antreiber-Bewertung durch eine erlaubende Bewertung ersetzt werden. Um selbstbestimmter zu agieren, sollten Sie im ersten Schritt erlaubende Bewertungen für Ihre Antreiber erarbeiten. Dann können Sie, über die Musterunterbrechung, in drei Schritten das einschränkende Antreiber-Verhalten unterbrechen und die begrenzenden Bewertungen durch erlaubende ersetzten.

REFLEXION

Sei perfekt!
Ich darf Fehler machen und aus ihnen lernen.

Sei stark!
Ich muss nicht alles alleine schaffen. Ich darf mir Hilfe holen und sie annehmen.

Mach es allen recht!
Ich darf meine Bedürfnisse ernst nehmen und ihnen den Vorrang geben.

Streng dich an!
Ich darf mich über Erreichtes freuen und mich ausruhen.

Mach schnell!
Mein Arbeitsergebnis wird nicht besser, wenn ich mich hetze.

FAZIT

Selbstführung ist eine wesentliche Voraussetzung, um andere Menschen zu führen. Dazu muss man die Situationen, in denen das Antreiber-Verhalten auftritt, kennen.

Das Wissen um die inneren Antreiber gewinnt, hinsichtlich der steigenden Selbstverantwortung, zunehmend an Bedeutung. Gesunde Selbstführung beginnt bei der selbstbestimmten Regulierung des eigenen Antreiber-Verhaltens. Führungskräfte sollten erst selbst Erfahrungen mit dem Konzept machen, weil die Selbsterkenntnis zu Menschenkenntnis führt und als Basis für menschenorientierte Führung fungiert. Der Antreiber-Test ist im Netz frei erhältlich, dennoch ist es ratsam, den Einsatz des Tests vorher mit den Mitarbeitern abzusprechen und sich gegebenenfalls die Erlaubnis, diesen durchzuführen, einzuholen.

NOTIZEN

Kommunikation beginnt im Körper

In der Kommunikation geht man häufig von einem Trait-Ansatz aus. Demnach wird das Verhalten im Wesentlichen von den Persönlichkeitseigenschaften beeinflusst, was zu stetigen Reaktionen in unterschiedlichen Situationen führt. Individuelle Unterschiede werden auf Eigenschaften zurückgeführt. Kommunikation beginnt jedoch im Körper. Es kommt auf die Haltung an, die jemand in der Kommunikation mit sich selbst und seinen Gesprächspartnern gegenüber einnimmt. Zudem gibt es ein emotionales Erfahrungsgedächtnis, das sich über körperliche Symptome wie beispielsweise erhöhten Herzschlag, Muskelzucken oder schwitzende Hände mitteilt.

EMBODIED COMMUNICATION

Die Psychodramatherapeutin Maja Storch und der Psychologe Wolfgang Tschacher verfolgen mit ihrer *embodied communication* einen anderen Ansatz, als es die herkömmlichen Kommunikationstheorien tun. Der Unterschied liegt in der inneren Haltung, die eine Person in der Kommunikation einnimmt. Haltung im Sinne der Einstellung sich selbst und anderen gegenüber. Sie distanzieren sich von der Vorstellung, dass es eine fixe Botschaft gibt, die zwischen Sender und Empfänger übermittelt und verstanden werden kann.

Das Sender-Empfänger-Modell stammt aus dem Ingenieurswesen, viele Begrifflichkeiten in der Unternehmenssprache erinnern mehr an technische, militärische und mechanische Situationen, als an menschliche. Warren Weaver hat sich während des zweiten Weltkrieges damit befasst, militärische Funknachrichten zu kodieren. Claude Shannon arbeitete für eine Telefongesellschaft als wissenschaftlicher Mathematiker. Die beiden entwickelten ein binäres mathematisches Modell, mit dem Ziel, Störanfälligkeit zwischen Übertragung und Empfang zu minimieren. Das Modell war nicht auf die Bedeutung einer Botschaft ausgelegt, zudem hatten sie nicht die Absicht, ihre Theorie auf die zwischenmenschliche Kommunikation zu übertragen. Auf diesem klassischen Modell basieren jedoch heute noch die meisten Kommunikationstheorien.

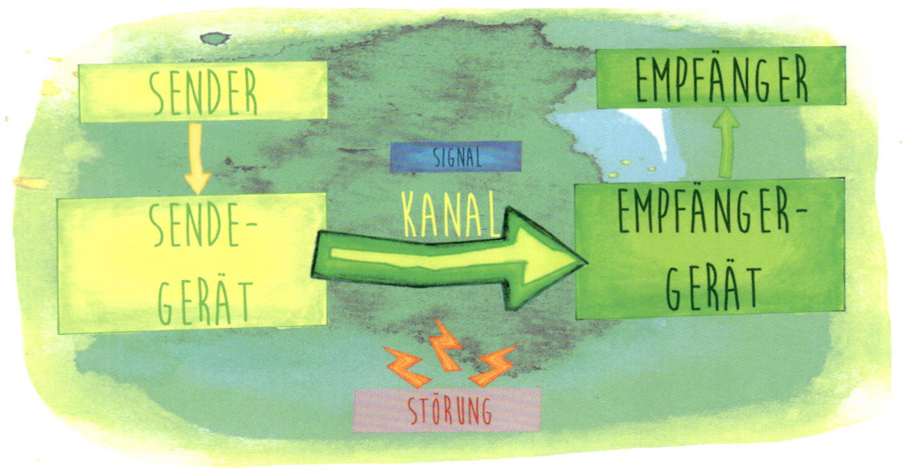

Der Körper beeinflusst den Geist und der Geist beeinflusst den Körper

Embodiment ist eine These aus der neueren Kognitionswissenschaft, nach der Bewusstsein einen Körper benötigt. Das Gehirn an sich hätte nichts zu verarbeiten, wenn es keine Informationen über den Körper erhalten würde. In der Psychologie wird *Embodiment* verwendet, um die Wechselwirkung zwischen Körper und Psyche zu beschreiben. In der *embodied communication* wird Kommunikation als umfassender Prozess, der sich wechselseitig und zirkulär bedingt, verstanden. In der Kommunikation werden Menschen von körperlichen Vorgängen beeinflusst, die durch ihre bisherigen Erfahrungen und Erinnerungen und den damit verbundenen körperlichen Prozessen ausgelöst werden. Im Körpergedächtnis ist die Summe der durch Wahrnehmung, Beziehungen und sozialen Einflüssen entstandenen Erfahrungen abgespeichert.

Das emotionale Gedächtnis des Körpers

In der Emotionsforschung gibt es weder eine einheitliche Theorie noch eine interdisziplinär akzeptierte Definition. Manche gehen von historisch-evolutionär gewachsenen körperlichen Reaktionen aus, deren Ursprung dem Kampf ums Überleben entspringt. Andere beschreiben Emotionen als mentale Zustände, die einsetzen, wenn das Gehirn körperliche Reaktionen repräsentiert. Der Begriff Emotionen wird mehrdeutig verwendet, ebenso der Begriff Gefühle. Der Neurowissenschaftler António Damásio unterscheidet zwischen Emotionen, die er als durch *somatische Marker* verursachte Körperzustände beschreibt und Empfindungen, die das bewusste Wahrnehmen der emotionalen Körperzustände darstellen. Die Hypothese der *somatischen Marker* ist eine Theorie aus der Neurobiologie, nach der emotionale Erfahrungen im Menschen verkörperlicht sind und somit Entscheidungen beeinflussen.

Laut António Damásios Forschungsergebnissen sind alle Erfahrungen, die ein Mensch im Laufe seines Lebens gemacht hat, in den Zellen des Körpers, im Körpergedächtnis, gespeichert. Die Gesamtheit der Erfahrungen wird emotional bewertet und in zwei Kategorien abgespeichert. Erlebnisse, die positive Empfindungen auslösen, werden mit einem guten Gefühl markiert und Erlebnisse, die ein negatives Befinden hinterlassen, werden mit einem schlechten Gefühl markiert. Das emotionale Erfahrungsgedächtnis äußert sich in körperlichen Symptomen wie erhöhtem Herzschlag, Muskelzucken, schwitzenden Händen oder Verspannungen im Nackenbereich. Wenn jemand von einem Hund gebissen wurde, dann löst der Gedanke an die Erfahrung bereits körperliche Reaktionen aus. So verhält es sich auch mit menschlichen Entscheidungen, am bekanntesten ist das sogenannte Bauchgefühl, das signalisiert, ob man sich für oder gegen etwas entscheidet.

ICH-ZUSTANDS-MODELL

Die *somatischen Marker* sind hilfreich, wenn es darum geht, sein Kommunikationsverhalten zu analysieren. Zunächst gilt es, diese wahrzunehmen und im zweiten Schritt zu analysieren. Jeder Mensch hat seine eigene Geschichte der persönlichen Entwicklung erfahren, deswegen agieren und reagieren Menschen situativ und kontextuell sehr unterschiedlich. Der Psychiater Eric Berne hat das Modell der *Ich-Zustände* entwickelt, das seine Wurzeln in der Transaktionsanalyse findet. Das Ich-Zustands-Modell ermöglicht, menschliche Interaktionen auf einfachem Wege zu reflektieren und zu hinterfragen. Ein *Ich-Zustand* ist definiert als ein zusammenhängendes Muster aus Wahrnehmung, Denken, Fühlen und Handeln. Bestimmte Gedanken und Einstellungen, in Verbindung mit einem Gefühl, führen zu einem Verhalten und bilden ein Muster.

In seinen therapeutischen Sitzungen hat Eric Berne bemerkt, dass seine Patienten zwischen unterschiedlichen Zuständen wechselten. *Ich-Zustände* sind kein eigenständiger Anteil, sie beschreiben einen Zustand und haben eine bestimmte Struktur. Diese Struktur machte er an beobachtbaren Faktoren wie der Sprache, dem Tonfall, der Wortwahl, der Gestik, der Mimik und der Körperhaltung fest. Insgesamt legte er drei Ich-Zustände fest: den *Kind-Zustand*, den *Eltern-Zustand* und den *Erwachsenen-Zustand*. Sie werden nach zwei Kriterien unterschieden: nach Ausdrucksqualität und Herkunft. Die Ausdrucksqualität umfasst die wahrnehmbaren und beobachtbaren Faktoren, sie zeigen auf, wie sich jemand verhält. Wobei sich die Frage nach der Herkunft damit befasst, wie die Persönlichkeit einer Person strukturiert ist.

Für Außenstehende werden die *Ich-Zustände* auf der verbalen und der körperlichen Ebene sichtbar. Wobei die verbale Ebene sich nach dem Inhalt des Gesagten richtet und die körperliche Ebene nach der Art und Weise, wie etwas gesagt wird. Sich gegenüber seinen Eltern oder den Bezugspersonen zu behaupten, ist für manche Kinder schwierig. Besonders dann, wenn die Bezugspersonen sehr raumgreifend sind. Meist tritt man selbst in die elterlichen Fußstapfen und übernimmt im Erwachsenenalter deren Verhaltensweisen. Unbewusst sorgt die abgespeicherte Erfahrung dafür, dass bestimmte Handlungsweisen automatisiert ablaufen. So verhält es sich auch mit den kindlichen Strategien. Je nachdem, wie man mit seinen Bezugspersonen interagiert hat, sind die Erfahrungswerte im Gehirn als neuronale Verknüpfung abgespeichert und im Körpergedächtnis verankert. Je häufiger die Erfahrung wiederholt wird, desto stärker werden die neuronalen Verbindungen im Gehirn verknüpft.

Im *Eltern-* und *Kind-Zustand* gibt es sowohl positive als auch negative Ausprägungen. Sie stehen zum einen für die positiv und negativ abgespeicherten Erfahrungswerte und zum anderen für nicht zielführende Bewältigungsstrategien. Positiv sind sie, wenn sie als bereichernd empfunden werden und negativ, wenn sie als einschränkend empfunden werden. Es gibt keine guten oder schlechten *Ich-Zustände*, jede Persönlichkeitsstruktur weist alle drei *Ich-Zustände* auf und alle *Ich-Zustände* werden benötigt, um angemessen mit der Umwelt interagieren zu können.

Kind-Zustand

Im *Kind-Zustand* denkt, fühlt und verhält sich jemand so, wie er es als Kind getan hat. Kleine Kinder sind überaus authentisch. Sie handeln komplett bedürfnisorientiert. Wenn sie ein Bedürfnis haben, machen sie sich bemerkbar. Das *freie Kind* ist spontan, kreativ und energisch, es lebt seine natürlichen Gefühle aus. Der Zustand des freien Kindes steht für Spaß, Lebensfreude, Leichtigkeit und Ungezwungenheit. Im freien *Kind-Zustand* fühlt man sich mit anderen Menschen vertraut und verbunden. Wenn sich Erwachsene so verhalten, dann will nicht ihr *freies Kind* Spaß haben, sie wollen Spaß haben, so wie in der Vergangenheit als Kind. Im Laufe der Entwicklung stehen die Reaktionen des Kindes in Wechselwirkung mit den Aktionen und Reaktionen seiner Bezugspersonen.

Angepasstes Kind

Die linke Kreishälfte ist unterteilt in das *angepasste* und das *rebellische Kind*. Wenn Menschen in einer Gemeinschaft leben, entstehen immer Situationen, in denen man sich anpasst. Wenn die Ampel rot ist, hält man an. Jeder, der in einem Angestelltenverhältnis steht, passt sich überwiegend den Rahmenbedingungen des Unternehmens an. Das *angepasste Kind*$^+$ verhält sich kooperativ, geduldig und kommt mit anderen gut zurecht. Im Gegensatz dazu verhält sich das *angepasste Kind*$^-$ übermäßig gefällig, brav und zurückgezogen. Die Haltung ist durch das Gefühl, unterlegen zu sein, geprägt und das führt zur Selbstabwertung, dem Nährboden für Minderwertigkeitsgefühle. Unterschiedliche emotionale Marker können dieses Verhalten auslösen, das variiert von der Befürchtung ausgeschlossen zu werden, sich unzulänglich oder minderwertig zu fühlen bis hin zu grundsätzlichem Misstrauen anderen Menschen gegenüber. In diesem Zustand verführen Menschen ihre Umwelt, sich um sie zu kümmern. Hier greift das Motto: „Wenn ich mich zurücknehme, klein mache und hilfsbedürftig erscheine, dann werde ich beschützt und behütet.". Nicht selten leben Menschen, die sich überwiegend im *angepassten Kind*$^-$*-Modus* befinden, in Abhängigkeiten. Hinweise auf den *Ich-Zustand* des *angepassten Kindes* liefern folgende Verhaltensweisen: Jemand fühlt sich bei Kleinigkeiten angegriffen, rechtfertigt oder entschuldigt sich oder neigt dazu, sich häufig rückzuversichern. In dem *angepassten Kind*$^-$ *-Zustand* nehmen Menschen eine Opferhaltung ein, sie wirken labil, sind nah am Wasser gebaut und denken in Schwarz-Weiß-Kategorien.

REFLEXION

Erinnern Sie sich an eine Situation, in der sich ein Mitarbeiter, Freund oder Bekannter in einem *angepassten Kind*$^{-}$*-Zustand* befunden hat. Wie hat sich die Person in diesem Zustand verhalten? Welche Bedürfnisse standen hinter dem Verhalten?

Wie haben Sie sich selbst in der Situation verhalten und was haben Sie empfunden? Haben Sie Verständnis gezeigt oder hat es Sie eher abgeschreckt? Beschreiben Sie Ihre eigenen Gedanken, Empfindungen und Ihr Verhalten in der besagten Situation.

Rebellisches Kind

In der Pubertät rebellieren Teenager, sie erleben entwicklungsbedingte Veränderungen, die es zu bewältigen gilt. Liebe und Festigkeit der Eltern sind in dieser Zeit des Umbruchs besonders gefragt. Die gesunde Rebellion, also der *rebellische Kind⁺ -Zustand*, findet Ausdruck in Aktionen, die dazu führen, Regeln und Systeme zu hinterfragen und nicht als gegeben hinzunehmen, bewusst Grenzen zu setzen und für sich selbst zu sorgen. Den *rebellischen Kind⁻ -Zustand* erkennt man an trotzigen, bockigen und undisziplinierten Reaktionen. Aus einer generell abwertenden Haltung heraus entsteht ein destruktives Verhalten, das überwiegend aus Ärger, Wut und Frustration entsteht. Die eigenen Bedürfnisse und Empfindungen werden in diesem Zustand unangemessen stark ausgedrückt durch heftigen Ärger, übermäßige Wut oder impulsives Verhalten. Für diesen Zustand gibt es unterschiedliche Auslöser. Diese variieren von der Einstellung, keine allgemeingültigen Grenzen akzeptieren zu wollen bis hin zum Zustand der Verärgerung, weil man sich übergangenen oder ungerecht behandelt fühlt. Anzeichen auf den *Ich-Zustand* des *rebellischen Kindes⁻* können sich insofern äußern, dass jemand unangemessene Forderungen stellt oder heftige Vorwürfe macht, die einen verletzenden Charakter haben. Im *rebellischen Kind⁻* verhalten Menschen sich trotzig, aufmüpfig und sprechen sich aus Prinzip gegen alles aus.

REFLEXION

Erinnern Sie sich an eine Situation, in der sich ein Mitarbeiter, Freund oder Bekannter in einem *rebellischen Kind*$^{-}$ *-Zustand* befunden hat. Wie hat sich die Person in dem Zustand verhalten? Welche Bedürfnisse standen hinter dem Verhalten?

Wie haben Sie sich selbst in der Situation verhalten und was haben Sie empfunden? Haben Sie sich angegriffen gefühlt, sind Sie ruhig geblieben oder ebenfalls laut geworden? Beschreiben Sie ihre eigenen Gedanken, Empfindungen und Ihr Verhalten in der besagten Situation.

Kritisches Eltern-Ich

Der *Eltern-Ich-Zustand* stellt die moralische und beurteilende Ebene dar. In dem Zustand denkt, fühlt und verhält man sich so, wie es eine nahe Bezugsperson, meist die Eltern, auch einst getan haben. Das *kritische Eltern$^+$ -Verhalten* entsteht aus einer orientierungsgebenden Haltung auf Augenhöhe, die innere Einstellung zum Anderen ist wohlwollend. Man ist in der Lage, sich so einzufühlen, dass man sein Gegenüber erkennt und versteht. Aus dem Zustand verhält man sich beschützend, ermutigend, Werte vermittelnd und Struktur gebend, immer mit dem Ziel, ein positives Selbstwertgefühl aufzubauen. Im Gegensatz dazu entstehen Verhaltensweisen aus dem *kritischen Eltern$^-$ -Zustand* aus einer Haltung heraus, die es einem erlaubt, sich selbst aufzuwerten, indem man andere abwertet. Kritisch destruktive, bestrafende, unnachgiebige und überkontrollierende Reaktionen kennzeichnen diesen Zustand. In diesem Zustand geht es häufig um Strafe und Forderungen, die entweder die Leistung oder das Einhalten von Regeln betreffen. Im *kritischen Eltern$^-$-Zustand* wird die Zuwendung an Erwartungshaltungen geknüpft und der Betroffene gegebenenfalls mit Liebesentzug bestraft. Anzeichen auf den *kritischen Eltern$^-$ -Zustand* können sich darin äußern, dass jemand denkt, er wüsste alles besser, keine andere Meinung zulässt, andere abwertet und versucht, andere anzuleiten. In diesem Zustand wirken Menschen häufig ungehalten, aggressiv, bedrohlich, überheblich, distanzlos und übergriffig.

REFLEXION

Erinnern Sie sich an eine Situation, in der sich ein Mitarbeiter, Freund oder Bekannter in einem *kritischen Eltern*$^-$ *-Zustand* befunden hat. Wie hat sich die Person in diesem Zustand verhalten? Welche Bedürfnisse standen hinter dem Verhalten?

Wie haben Sie sich selbst in der Situation verhalten und was haben Sie empfunden? Haben Sie sich angegriffen gefühlt, haben Sie sich abgrenzen können oder haben Sie selbst heftig reagiert? Beschreiben Sie Ihre eigenen Gedanken, Empfindungen und Ihr Verhalten in der besagten Situation.

Fürsorgliches Eltern-Ich

Das *fürsorgliche Eltern*$^{+}$-Verhalten entsteht aus einer nährenden Haltung auf Augenhöhe, die innere Einstellung zum Anderen ist wohlwollend. Man ist in der Lage, sich so einzufühlen, dass man sein Gegenüber erkennt und versteht. In dem Zustand verhält man sich fürsorglich, gebend, ernährend und liebend, immer mit dem Ziel, ein positives Selbstwertgefühl aufzubauen.

Das Gegenüber wird in seinem „Sosein“ angenommen und akzeptiert. Aus der Haltung heraus, sich unbewusst über jemanden zu erheben, werden im *fürsorglichen Eltern*$^{-}$-Zustand andere entmündigt oder abgewertet. Man könnte den Betroffenen in diesem Zustand auch als Retter beschreiben, der immer jemanden braucht, der gerettet werden muss, damit er sich selbst wertig fühlen kann. Man drängt anderen seine Hilfe auf und reagiert mit Enttäuschung, wenn die eigenen Aktivitäten nicht mit Dankbarkeit oder Zuneigung belohnt werden.

In diesem Zustand signalisiert man anderen, dass sie nicht gut genug oder gar mangelhaft sind. Helikopter-Eltern, die sich übermäßig beschützend, fast schon erdrückend oder zu nachgiebig verhalten, werden ebenfalls dem *fürsorglichen Eltern*$^{-}$-Zustand zugeordnet.

Anzeichen auf den *fürsorglichen Eltern*$^{-}$-Zustand können sich im zuckersüßen und unaufrichtigen Tonfall der Person sowie in übermäßiger Hilfsbereitschaft, auch Helfersyndrom genannt, äußern. Sie handelt nach dem Motto: „Ich weiß, was gut für dich ist.“

REFLEXION

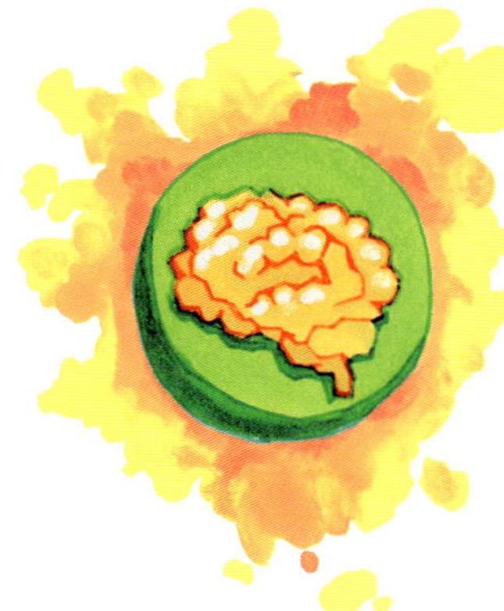

Erinnern Sie sich an eine Situation, in der sich ein Mitarbeiter, Freund oder Bekannter in einem *fürsorglichen Eltern*$^{-}$ *-Zustand* befunden hat. Wie hat sich die Person in dem Zustand verhalten? Welche Bedürfnisse standen hinter dem Verhalten?

Wie haben Sie sich selbst in der Situation verhalten und was haben Sie empfunden? Haben Sie sich bevormundet oder gar unwohl gefühlt? Beschreiben Sie Ihre eigenen Gedanken, Empfindungen und Ihr Verhalten in der besagten Situation.

Erwachsenen-Zustand

Die Haltung im *Erwachsenen-Zustand* basiert auf Gleichwertigkeit und der vollen Akzeptanz von Andersartigkeit. Man kennt seine Bedürfnisse und ist in der Lage, sie auf Augenhöhe zu äußern. In diesem Zustand verleiht man seinen Gefühlen und Gedanken angemessen Ausdruck, mit dem Ziel, für mehr Verständnis zu sorgen. Dieser Zustand ist die Voraussetzung für eine sachliche, wohlüberlegte und respektvolle Kommunikation unter erwachsenen Menschen.

Anzeichen auf den *Erwachsenen-Zustand* können sich insofern äußern, dass jemand erst Informationen sammelt und dann eine Entscheidung trifft, viele Fragen stellt, um Sachverhalte besser verstehen zu können und Interesse an einem konstruktiven Umgang mit problematischen Situationen zeigt. In der Kommunikation mit anderen Menschen äußert sich das *Erwachsenen-Ich* durch aufmerksames Zuhören und reflektiertes Reden.

REFLEXION

In welchen Situationen und mit welchen Menschen können Sie so sein, wie Sie sind. Notieren Sie.

Wie haben Sie sich selbst in der Situation verhalten und was haben Sie empfunden? Haben Sie sich bevormundet oder gar unwohl gefühlt? Beschreiben Sie Ihre eigenen Gedanken, Empfindungen und Ihr Verhalten in der besagten Situation.

Rekontextualisierung

Jeder Mensch hat die Erfahrung in seinem Leben gemacht, in einem reaktiven Muster gefangen zu sein. Reaktion folgt auf Reaktion, schnell und meist unbewusst. Ein reaktives Muster führt oft zu Irritationen, weil die Reaktionen nicht zum Kontext passen oder unangemessen in ihrem Ausdruck sind. Meist findet sich keine logische Erklärung für das eigene Verhalten, es erscheint sinnlos und schwächt zudem die Selbstwirksamkeit. Muster werden für einen bestimmten Kontext entwickelt. Als Rekontextualisierung bezeichnet man die Bewusstwerdung über den ursprünglichen Zusammenhang, in dem das Muster entstanden ist. Das Muster in seinem Ursprungskontext zu erkennen, führt meist schon zu tiefgreifenden Entlastungen.

FALLBEISPIEL

Anna ist 29 Jahre alt und leitet eine Kindergarteneinrichtung. Als sie eines Tages von ihren Mitarbeitern kritisiert wurde und daraufhin in Tränen ausbrach, suchte sie sich professionelle Unterstützung. Als sie mir die Situation schilderte, beklagte sie sich über die Ungerechtigkeit und suchte die Schuld bei ihren Mitarbeitern. Mit ihren großen Augen und einem unschuldigen Augenaufschlag erhoffte sie sich Mitleid und Trost. Jeder Mensch hat eine prägende Vorgeschichte, der Ursprung von Annas Mustern lag in der Ursprungsfamilie. Wenn ihr Vater früher von der Arbeit kam und ihre älteren Brüder nach mehreren Ermahnungen nicht aufhörten zu toben, schrie er seine Kinder an. Er tobte wütend, für Anna waren diese Situationen beängstigend. Sie hing sehr an ihrem Vater und versuchte, ihn mit einer kindgerechten Strategie zu beruhigen. Unbewusst fing sie hilflos an zu weinen, wenn ihr Vater Annas tränenüberströmtes Gesicht erblickte, brach ihm fast das Herz. Sofort streckte er die Arme nach ihr aus und setzte seine Prinzessin auf seinen Schoß, um sie zu beruhigen. Diese Szene wiederholte sich häufig in ihrer Kindheit und wurde fast schon zum Vater-Tochter-Beruhigungsritual.

Anna lernte daraus, durch aktive Inszenierung, diesen Erfahrungswert zu wiederholen. Sie wuchs zu einer sehr attraktiven jungen Frau heran und bekam immer den Mann, den sie wollte. Bei ihrer zierlichen und schönen Gestalt waren es meist starke Männer mit Beschützerinstinkt. Auch wenn sie jeden Mann bekam, konnte sie keinen länger als ein paar Monate halten. Sobald es zu konflikthaften Situationen kam, konnte sie nicht angemessen für sich sorgen. Sie ließ zu, dass die Männer ihre Grenzen überschritten und beschwerte sich dann bei ihren Freundinnen. Kam es zu konfrontativen Situationen, brach sie in Tränen aus. Das Gleiche passierte, als sie heftig von ihren Mitarbeitern kritisiert wurde. Sie hatte nie gelernt, Konflikte auf eine andere Art und Weise zu bewältigen und griff daher unbewusst auf bekannte kindliche Bewältigungsstrategien zurück. Als Kind waren die Strategien hilfreich, für eine erwachsene Frau sind sie jedoch unangemessen und wenig zielführend und schon gar nicht im Führungskontext. Diese sogenannten Ersatzgefühle sind an die persönliche Vergangenheit gebunden, da sie oft in der Kindheit erlernt und in der Regel auch gefördert wurden. Man ist nicht mehr in Kontakt mit den Gefühlen der aktuellen Situation, sondern lebt emotional in der Vergangenheit.

Die Erkenntnis war für Anna bereits entlastend. Sie spürte seit Längerem, dass etwas nicht in Ordnung war, jedoch wollte sie sich aus Scham niemandem anvertrauen. Somit wiederholte sich das Muster, bis sie an ihre persönliche Leidensgrenze stieß und nicht mehr umher kam, sich Unterstützung zu suchen.

REFLEXION

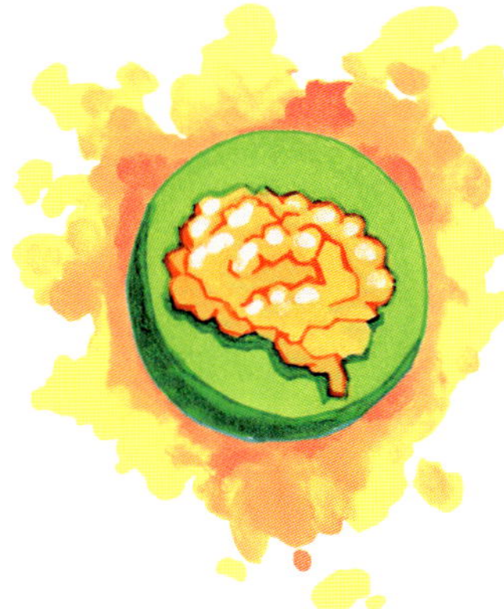

Gibt es Situationen, die sich wiederholt abspielen, in denen Sie sich unangemessen Verhalten? Beschreiben Sie die Situation ganz konkret.

Übernehmen Sie die Verantwortung für Ihre Gefühle oder machen Sie andere dafür verantwortlich? Beschreiben Sie Ihr Verhalten, während und nach der Interaktion.

Der Ursprung des Gefühls hat die Macht über dich

Es gibt Situationen, in denen man seine Gefühle von anderen und von äußeren Umständen abhängig macht. Man verlagert sozusagen die Verantwortung über das eigene emotionale Empfinden ins Außen. Der Spruch: „Du machst mich wütend." ist ein Irrglaube, keiner kann einen wütend machen, wenn man es nicht zulässt. Meist ist es die Bewertung der Situation oder Reaktion, die das emotionale Erleben auslöst.

FALLBEISPIEL

In der Pause tauschte ich mich mit einer jungen Führungskraft zu dem Thema „Spaß auf der Arbeit“ aus. Christian erzählte mir, dass er seine Mitarbeiter, die überwiegend ihrer Tätigkeit in den Logistikhallen nachgingen, zum Lachen bringt, wenn sie in sein Büro kommen. Hinter mir ertönte sein Chef mit tiefer Stimme „Und warum machst du das nicht auf der Fläche?“. Wie aus der Pistole schoss Christian trotzig zurück „Wer sagt denn, dass ich das nicht mache.“ Sofort griff ich ein und fragte ihn, was er fühlte. Etwas verunsichert schaute er mich an und erwiderte, dass er nichts empfand. Ich blickte ihm ins Gesicht und bat ihn, nachzuspüren, ob er das, was in ihm vorging, benennen konnte. Er hielt einen kurzen Moment inne und sagte mir, dass er tatsächlich verärgert sei und es nicht bemerkt hatte. Dann blickte er zu seinem Vorgesetzten, deutete auf ihn und erklärte, dass er ihm etwas unterstellt hätte. Auf meine Frage hin, wie er das konkret gemacht habe, schaute er mich verständnislos an. Ich bat ihn, zu reflektieren, wie sein Kollege das tatsächlich gemeint hatte. Sein Vorgesetzter wollte ihn nur aufziehen, er war selbst überrascht von der heftigen Reaktion.

Ich nahm die Situation zum Anlass, um mit der Gruppe zu reflektieren, welche Wirkung Christian als Führungskraft hinterlassen hat. Er antwortete selbst auf die Frage mit „unprofessionell.“ Wir arbeiteten das Beispiel gemeinsam in der Gruppe auf und jeder öffnete sich auf seine eigene Art. Diese Situationen aus dem Alltag werden normalerweise unter den Tisch gekehrt. Meist versuchen die Beteiligten, das Geschehene zu überspielen. Um solche Situationen nutzen zu können, bleibe ich bewusst im *Erwachsenen-Zustand* und agiere aus einer erlaubenden Haltung auf Augenhöhe heraus. Jeder Mensch hat reaktive Muster, deswegen darf alles sein, was ist. Ansonsten wird wieder eine Bewertung hinzugefügt und schon befindet man sich im Reiz-Reaktionskreislauf.

Verhalten ist immer im Kontext zu betrachten

Der systemische Ansatz richtet den Blick auf das gesamte System und nicht nur auf die Einzelpersonen. Der systemische Ansatz versucht den Sinn eines Verhaltens im Gesamtkontext zu betrachten. Es wird nicht danach gefragt, warum sich jemand auf eine bestimmte Art und Weise verhält, sondern vielmehr danach, wozu das Verhalten dienlich ist. Jedes Verhalten ist in einem bestimmten Kontext entstanden, was schnell zu Fehleinschätzungen führen kann.

FALLBEISPIEL

Meine Kundin Diana, eine bemerkenswerte Frau und Führungskraft, hatte mich eingeladen, mit ihr und ihrem Mann Essen zu gehen. Diana war eine der wenigen Frauen aus dem oberen Management, die sich ihre Weiblichkeit bewahrt hatte.

Ich gewann über die Jahre den Eindruck, dass sie vollkommen authentisch agierte. Wir warteten bereits im Restaurant und unterhielten uns angeregt, als ich bemerkte, wie sich ihr Gesicht erhellte. Ich wollte aufstehen, um ihren Mann zu begrüßen und kam vor Schreck nicht mehr vom Stuhl hoch. Völlig irritiert blieb mein Blick unverhohlen an den beiden haften, ich bekam den Mund vor lauter Staunen nicht mehr zu. Es war, als hätte man Diana durch eine Doppelgängerin ersetzt, sie säuselte mit lieblicher Stimme und leicht geneigtem Kopf. Ihre Stimme klang Oktaven höher und sie verhielt sich im übertriebenen Maße unterwürfig. Ich brauchte eine ganze Weile, um mich innerlich zu sortieren, weil ich nie zuvor einen derart ausgeprägten Zustandswechsel erlebt hatte. Als er zur Toilette ging, war sie wieder im *Erwachsenen-Zustand* und redete mit mir, als sei nichts gewesen. Da erst begriff ich, dass ihr gänzlich unbewusst war, was so offensichtlich schien. Kaum hatte sie ihn im Blickfeld, veränderte sich ihre Gestik, Mimik und Tonlage. Zu einem späteren Zeitpunkt teilte ich meine Beobachtung mit ihr, es war ihr teilweise bewusst, nur das Ausmaß der Wirkung nicht.

META-SPIEGEL

Die nachfolgende Reflexion wurde von dem *Meta-Spiegel* abgeleitet. Der *Meta-Spiegel* hat seine Wurzeln im Neurolinguistischen-Programmieren und wurde von Robert Dilts entwickelt. Dabei handelt es sich um eine Methode, zwischenmenschliche Kommunikationsstörungen zu analysieren. In diesem Modell geht man davon aus, dass das Verhalten eines Menschen, in der Interaktion mit einer anderen Person, ein Spiegelbild seiner eigenen inneren Kommunikation ist. Assoziation bedeutet in diesem Modell, dass man diesen Zustand intensiv erlebt. Man ist somit assoziiert. Im Erleben ist man mit seinen eigenen Gefühlen beschäftigt, die Reaktivierung der *somatischen Marker* findet meist unbewusst statt und führt zu reaktivem Handeln. Bei einer assoziierten Erinnerung oder Reaktivierung der abgespeicherten Marker erlebt die Person das Ereignis erneut, so, als würde es sich in der Gegenwart wiederholen. Die generelle Bedeutung von Dissoziation im NLP bezieht sich auf die Dissoziation von Gefühlen, der Intensität des Erlebens. Das bedeutet so viel wie emotional Abstand zu nehmen, um die Situation von außen, auf der Metaebene, betrachten zu können.

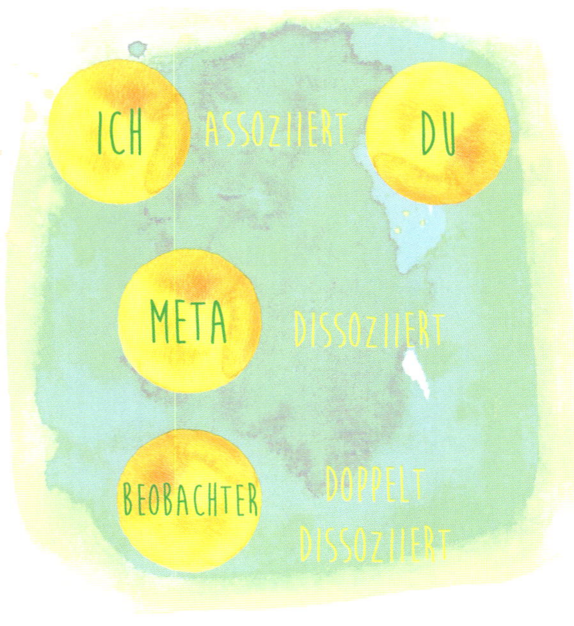

REFLEXION

Wählen Sie eine Kommunikationssituation, die Sie als schwierig empfunden haben. Betrachten Sie aus der Ich-Position die Situation, gehen Sie in ihrer Erinnerung in die Situation. Beschreiben Sie ihr Gefühl, Ihre Gedanken und Ihr Verhalten.

Betrachten Sie anschließend die gleiche Situation aus der Perspektive der anderen Person, dem Du. Nehmen Sie die Perspektive der anderen Person ein, beschreiben Sie, was die andere Person gefühlt und gedacht hat. Notieren Sie Gründe, warum Sie sich in der Position so verhalten haben.

Gehen Sie aus der Situation heraus, nehmen Sie die Meta-Position ein und reflektieren Sie aus einer dissoziierten Position ihre Notizen. In welchem *Ich-Zustand* haben sich die beiden befunden. Beschreiben Sie, anhand beobachtbarer und wertneutraler Kriterien, die Zustände, in denen sich die beiden jeweils befunden haben.

Dissoziieren Sie sich noch einmal und entfernen Sie sich innerlich von der Situation. Was würden Sie, als unbeteiligter Beobachter, den beiden Personen raten? Notieren Sie Ihre Lösungsvorschläge für beide Personen.

Machen Sie eine Zitrone aus den Erkenntnissen

Denken Sie an den Biss in die Zitrone. Viele nutzen ihre Vorstellungskraft, um sich Dinge vorzustellen, die schief laufen. Bei diesem Vorgehen werden negative Gefühle produziert. Doch warum damit warten, sich schlecht zu fühlen, wenn der Kopf das auch direkt erledigen kann. Man fühlt sich so, als entspräche die Vorstellung der Wahrheit und der Körper reagiert dann dementsprechend. Das Gehirn unterscheidet nicht zwischen realer Begebenheit und Phantasie, deswegen ist es sinnvoll, die Vorstellungskraft positiv zu nutzen. Gehen Sie einen Schritt weiter und betrachten Sie Ihre Ausarbeitung, gehen Sie mit den Ergebnissen aus Ihrer Vorstellung in die Zukunft.

Feedback ist eine Haltung

Man kann noch so viele Methoden erlernen, ein Feedback zu geben. Sie sind gewiss hilfreich, dennoch bestimmt die Haltung, mir der man ein Feedback gibt, die Wirkung. Wie die Engländer zu sagen pflegen: „A fool with a tool is still a fool", was so viel bedeutet, wie: „Ein Narr mit einem Werkzeug ist immer noch ein Narr".

VORSTELLUNGSKRAFT

Was würde sich für Sie verändern, wenn Sie die Ratschläge aus der vorherigen Übung beherzigten? Woran machen Sie konkret die Veränderung fest? Beschreiben Sie Ihr Verhalten, Ihre Gefühle und Ihre Gedanken.

FALLBEISPIEL

In meiner Forschung kam ich an einen Punkt, an dem ich alles, was ich gelernt hatte, über Bord warf, um eine sehr unkonventionelle Vorgehensweise zu entwickeln. Ich wollte eine zeitgemäße Art des Coachings entwickeln, eine beschleunigte Methode, um Muster aufzuzeigen und nachhaltig zu verändern. Als ich anfing, die Vorgehensweise zu praktizieren, erhielt ich teilweise Unterstützung von zwei Trainern. Ich konnte am Gesicht meiner Kollegen ablesen, dass sie etwas störte. Ungebeten wurde ich nach den herkömmlichen Standards kritisiert und meine Vorgehensweise in ihrem Bezugsrahmen gewertet. Anfangs hatte ich mich gerechtfertigt, weil ich mich irgendwie schuldig fühlte, denn ich wagte es, etablierte Rahmenbedingungen eines ganzen Berufsstandes in Frage zu stellen und nach meinen eigenen Regeln vorzugehen. Ein paar Zweifel kamen in mir auf, vielleicht war ich zu anmaßend. Der Gedanke: „Mit welchem Recht erlaubst du dir das?" schwirrte mehrmals in meinem Kopf herum.

Als ich ein paar Tage später im Workshop das Modell der *Ich-Zustände* erklärte, fiel es mir wie Schuppen von den Augen. Unbewusst hatte ich reaktiv auf den den *kritischen Eltern-Zustand* reagiert. Ich hatte im Laufe meines Lebens häufig gegen die kulturellen Moralvorstellungen meiner Eltern rebelliert und ihre Regeln nicht befolgt. Dieses Gefühl erinnerte mich an diese Zeit, weil mein Vater mir sinngemäß vermittelte: „Mit welchem Recht erlaubst du es dir, dein Leben entgegen meiner Vorstellungen zu gestalten?!"

Da ich mit meiner eigenen Emotionalität beschäftigt war, nahm ich meine Kollegen aus dem *Kind-Zustand* wahr. Nachdem ich die Situation mit dem Meta- Spiegel reflektiert hatte, wurde mir bewusst, dass die Haltung meiner Kollegen zu dieser Wirkung führte. Sie hatten das Feedback zwar Regelkonform formuliert, jedoch hatten sie weder gefragt, ob ich eine Rückmeldung will noch hinterfragten sie meine Vorgehensweise. Einen Sachverhalt zu hinterfragen, um den Abgleich mit der eigenen Wahrnehmung zu machen und seinem Gegenüber ein Feedback zur Wahl zu stellen, ist eine Haltung auf Augenhöhe. Das menschliche System ist hochsensibel, wie schnell es auf Bewährtes zurückgreift, ist immer wieder faszinierend. Wir sind unserem System jedoch nicht ausgeliefert, anhand der Übungen im Buch kann sich jeder persönlich weiterentwickeln.

DIE HALTUNG FÜHRT ZUR WIRKUNG

Wann immer Menschen aufeinandertreffen und kommunizieren, geht es unter anderem auch um Wirkung und Wirkmechanismen. Man kann nicht nicht wirken. Häufig reagieren Menschen in Situationen unbewusst in sich wiederholenden Haltungsmustern und stehen sich dadurch selbst im Weg. Meist handelt es sich um dominierende und unterwerfende Haltungen. Wann Menschen sich dominant und wann unterwürfig verhalten, wechselt meist mit dem Kontext, dem Thema oder dem Gegenüber. Die Haltung zu sich selbst, zu anderen und zu der Umwelt beeinflusst die Wahrnehmung und somit auch das Denken, Handeln und Fühlen. Jede Haltung führt zu einer Wirkung, es ist ein wechselseitiges Aufeinander-Einwirken der Interagierenden.

Jeder Mensch hat eine Grundhaltung sich selbst und seiner Umwelt gegenüber, die bereits sehr früh im Leben geprägt wird. Die Grundhaltung basiert auf dem Selbstbild, welches nicht nur die Eigen- und Fremdwahrnehmung prägt, sondern auch das Denken, Handeln und Fühlen. Seminare und Workshops, die auf der Verhaltensebene stattfinden, machen wenig Sinn, weil die jeweilige Haltung das Verhalten steuert. Um nachhaltige Effekte zu erzielen, müssen Maßnahmen auf der tieferen Ebene der Persönlichkeit, dem Selbstkonzept stattfinden. Es gibt drei wesentliche Grundhaltungen, die in ihrer Ausdrucksqualität auf der Verhaltensebene variieren: Aufwertung, Abwertung, Augenhöhe.

Aufwertung durch Abwertung

Bei der Abwertung werden Aspekte der Realität als bedeutungslos betrachtet, um das bestehende Welt- und Selbstbild abzuschirmen. Abwertung kann sich gegen sämtliche Wirklichkeitsaspekte richten, durch die man sich verunsichert fühlt. Ganz gleich, ob es sich um ein neues Betriebssystem handelt, eine einzelne Person oder einen ganzen Kulturkreis. Die Abwertung von Bezugspersonen kann im Stillen vollzogen werden, dann dient sie vorrangig zur Stabilisierung des eigenen Selbstwertgefühls. „Jens hat seine Abteilung gut im Griff, aber eigentlich ist er ein Schwachkopf." Abwertungen können deutlich geäußert werden, eine besonders offensive und destruktive Form der Abwertung stellt das Mobbing dar. Im politischen und wirtschaftlichen Konkurrenzkampf wird Abwertung oft bewusst und gezielt eingesetzt. Machtdemonstrationen und Konkurrenzverhalten sind akzeptierte Verhaltensweisen und häufig in Führungsetagen vorzufinden. Unternehmern und Führungskräften sollte bewusst sein, dass die Summe aller akzeptierten Verhaltensweisen die Kultur ist und Abwertung eine Vertrauenskultur verhindert. Ein Kulturwandel ist nur möglich, wenn über alle Führungsebenen hinweg auf Augenhöhe geführt wird. Ein instabiles Selbstwertgefühl führt zu irrationalen Macht- und Überlegenheitsgefühlen, die sich in nachfolgenden Verhaltensausprägungen zeigen.

Machtmensch

Menschen mit dieser Grundhaltung führen über Machtdemonstrationen. Sie motivieren über Einschüchterung, geben konkrete Anweisungen, wie etwas genau zu tun ist und entmutigen Mitarbeiter, die sich aktiv mit eigenen Ideen einbringen wollen. Sie belohnen Loyalität und setzen Strafe als korrigierende Maßnahme ein.

Perfektionist

Führungskräfte, die einen übermäßigen Hang zur Perfektion haben, sind detailorientiert und verlieren dadurch häufig den Blick für das große Ganze. Sie reagieren aufbrausend bei ungeplanten Veränderungen, erwarten detaillierte Berichterstattung und übertragen meist unrealistische Leistungsstandards auf ihre Mitarbeiter.

Verfolger

Dieser Verhaltensstil beschreibt Führungskräfte, die ihren Mitarbeitern drohen, sie einschüchtern und sogar demütigen. Verfolger meinen, alles besser zu wissen. Sie nutzen Kritik und Schuldzuweisungen, um ihre Mitarbeiter zu motivieren. Alle Ergebnisse werden in Frage gestellt und gute Leistung wird als selbstverständlich angesehen.

Retter

Notorische Retter definieren sich über ihre ausgeprägte Hilfsbereitschaft und Unterstützung, denn es nährt ihren Selbstwert und verleiht ihnen ein Gefühl der Stärke und Überlegenheit. Sie suggerieren ihren Mitarbeitern indirekt, dass sie ihnen nicht zutrauen, ihre Arbeit selbst zu erledigen. Meist drängen sie sich auf und lassen wenig Raum für Eigeninitiative.

Narzissmus

Die Strategie des Narzissten beinhaltet ebenfalls Abwertungsmechanismen. Im Zusammenhang mit Führung wird der Narzissmus häufig erwähnt, vor allem im oberen Management. Eine Hälfte der Persönlichkeit ist durch Selbsterhöhung und Selbstdarstellung, bedingt durch die Suche nach Bewunderung, gekennzeichnet. Die andere versucht, fehlender Anerkennung und Kritik mittels Aggressionen und der Abwertung anderer entgegenzuwirken.

Neutral betrachtet hat jeder Mensch narzisstische Züge – manche mehr, manche weniger. Wertneutral umschreibt der Narzissmus die Konzentration des psychologischen Interesses auf sich selbst. Wird der eigene Selbstwert angegriffen, dann wertet sich die Person gedanklich auf und stellt ihre positiven Charakterzüge heraus. Dementsprechend hat Narzissmus positive Auswirkungen auf das eigene Selbstwertgefühl und stabilisiert dieses. Die Abwertung dient als Selbstregulationsmechanismus der Psyche. Bei Minderwertigkeitsgefühlen, einem Mangel an Selbstwert oder starken Unsicherheiten erschafft sich die Person ein Größenselbst und verschmilzt mit der Vorstellung darüber, wie sie gerne wäre. Eine dauerhafte Fehlregulation mutiert zum krankhaften Narzissmus. Hinweise auf den pathologischen Narzissmus geben ein fortwährendes Größengefühl, gekennzeichnet durch überhöhte Ansprüche, Arroganz, Erfolgsphantasien und ein übersteigertes Bewunderungsbedürfnis. Narzissten verhalten sich manipulativ. Wenn ihrem Selbstwertgefühl Gefahr droht oder Menschen keinen Nutzen mehr für sie haben, werden diese unangemessen kritisiert und abgewertet.

Abwertung durch Aufwertung

Wer andere auf ein Podest stellt, hat sich bereits positioniert, nämlich darunter. Menschen mit einer selbstabwertenden Grundhaltung haben bereits früh verinnerlicht, nicht gut genug oder wertig genug zu sein. Ihre Selbstwahrnehmung ist verzerrt, was wiederum zu selbstabwertenden Gedanken führt, die ihr Verhalten und ihr Erleben bestimmen. Der innere Kritiker ist stark ausgeprägt, sie denken in extremen Entweder-oder-Kategorien. Das Schwarz-Weiß-Denken wirkt sich auf die Gefühlswelt aus, alles wird in Extremen erlebt. Überdauernde Selbstabwertungsmechanismen beeinträchtigen die Gesundheit, vor allem Depressionen hängen mit selbstabwertenden Gedanken zusammen.

Menschen, die sich selbst abwerten, bedienen überwiegend Strategien aus dem *Kind-Zustand*. Aus den unterschiedlichsten Gründen können sie nicht gut für ihre Bedürfnisse sorgen. Ihre Orientierung ist ins Außen gerichtet, sie wollen gemocht werden und haben Angst vor Kritik und Zurückweisung. Ihr Bewertungsmaßstab ist irrational, vor allem hinsichtlich ihrer Leistung. Ein weit verbreitetes Muster, vor allem bei Frauen, die sich beruflich unter Wert verkaufen.

Ja-Sager

Ja-Sager wollen gemocht werden. Sie neigen dazu, gute Resultate aufzubauschen und schlechte zu ignorieren. Sie sind darauf bedacht, einen guten Eindruck zu hinterlassen, sind beeinflussbar und tun sich mit Entscheidungen schwer. Zustimmung ist ihnen wichtig, von daher halten sie sich an die Rahmenbedingungen und riskieren selten etwas, um niemanden zu enttäuschen.

Bewahrer

Bewahrer führen bürokratisch, sie halten sich an bewährte Prozesse und Strategien. Sie führen über einen engen Korridor, orientieren sich an strikten Vorgaben, sind detailorientiert und neigen zu übermäßiger Kontrolle. Der Fokus liegt auf der Einhaltung des bestehenden Systems. Anpassung ist wichtiger als Ergebnisse. Mitarbeiter, die Regeln befolgen, stehen bei ihnen hoch im Kurs, während jegliche Innovation vermieden wird.

Vermeider

Führungskräfte, die grundsätzlich Unangenehmes vermeiden, handeln aus der Hoffnung heraus, dass Dinge sich von selbst erledigen. Es fällt ihnen schwer, Aufgaben zu delegieren und Verantwortung zu übernehmen. Wenn sie Verantwortung übernehmen müssen, wird diese nach oben oder unten verlagert. Sie verlassen sich auf bewährte Prozesse, gehen Konflikten aus dem Weg und tauschen sich selten mit ihren Mitarbeitern aus.

Untertan

Dieser Verhaltensstil ist durch eine passive Haltung geprägt. Sie erdulden Situationen mit hohem Leidensdruck, zögern, Entscheidungen zu treffen und unterfordern ihre Mitarbeiter. Häufig sind sie überfordert mit Führungsaufgaben, sie suchen sich jemanden, der die Führung für sie übernimmt. Es fällt ihnen schwer, Mitarbeiter zu unterstützen.

Augenhöhe setzt einen gesunden Selbstwert voraus

Wer einen gesunden Selbstwert hat, seine Selbstanteile kennt und diese ausnahmslos annimmt, ist auch dazu in der Lage, andere Menschen so zu akzeptieren, wie sie sind. Die Betrachtung anderer Individuen auf Augenhöhe ist eine Grundhaltung, die auf Gleichwertigkeit und Andersartigkeit basiert. Der Wert des Menschen wird nicht über sein Verhalten definiert. Mitarbeiter, die aus dieser Grundhaltung heraus geführt werden, sind geprägt von der Kraft der Selbstorganisation. Führungskräfte mit der Grundhaltung auf Augenhöhe kennen sich selbst und haben eine ausgeprägte Menschenkenntnis. Sie führen aufgabenzentriert und menschenorientiert, schaffen eine vertrauensvolle Arbeitsatmosphäre und können gut für ihre eigenen Bedürfnisse sorgen. Diese Grundhaltung macht Menschen authentisch.

FAZIT

Ein Rennstall, der seine Pferde verheizt, hat langfristig keine Zukunft. Jedes Unternehmen hat andere Anforderungen, andere Kunden, andere Mitarbeiter und andere Strukturen. Jedoch verbindet sie alle ein gemeinsames Thema: die Menschen hinter dem abstrakten Begriff Unternehmen. Der Beruf ist ein Teil der Identität, zudem verbringen Menschen sehr viel Zeit ihres Lebens in ihrem beruflichen Umfeld. Es gibt keinen geeigneteren Kontext, um die Rahmenbedingungen so zu gestalten, dass Menschen gefördert und gefordert werden, sich weiterentwickeln und gerne einbringen wollen. Das erfordert ein komplettes Umdenken in Unternehmen, unter Berücksichtigung der aktuellen Marktsituation.

Zugegebenermaßen ist es, je nach Größe und Bereitschaft des oberen Managements, noch ein langwieriger Prozess, diese Entwicklung tatsächlich mitzutragen. Was es nicht bedeutet: Unter dem Deckmantel weicher Faktoren Mitarbeiter und Führungskräfte zu schulen, um noch leistungsfähiger und robuster zu werden. Vielmehr geht es um die Rekultivierung des Miteinanders im beruflichen Umfeld, also darum, gemeinsam zukunftsfähig zu sein. Das Ziel der Rekultivierung besteht darin, das ursprüngliche menschliche Miteinander wiederherzustellen, denn nicht die abstrakte Intelligenz, sondern ein ausgeprägter Gemeinschaftssinn war für die Evolution des Menschen von entscheidender Bedeutung.

NOTIZEN

DAS PERSÖNLICHE LEITBILD

Idealistische Führungsbilder wecken unrealistische Erwartungen und sie führen zu Vorstellungen, die niemand erfüllen kann. Ob Leadership 4.0 oder Digital Leadership, es handelt sich dabei um Ansätze, die Führung in Zeiten der Digitalisierung definieren. Auf dem Markt existiert keine einheitliche Auffassung darüber, wie Führung im Wandel sein sollte. Definitionen sind lediglich Idealvorstellungen, die Führungskräften aktuell keine Unterstützung bieten, zumal die Wirtschaft bereits auf einem laienpsychologischen Menschenbild basiert. Es wird Zeit, sich von der Annahme des Homo oeconomicus endgültig zu verabschieden und sich, im wirtschaftlichen Kontext, psychologischen Forschungsergebnissen zu öffnen. Im Endeffekt geht es immer um Menschen in einem bestimmten Kontext.

MENSCHENBILD, SELBSTBILD, IDEALBILD

Das Menschenbild im Kapitalismus

Das Wirtschaftssystem basiert auf einer grundsätzlich falschen Annahme über den Menschen. Das Menschenbild des Homo oeconomicus beschreibt ein rationales Individuum, dessen Handeln zweckrational auf die Nutzenmaximierung ausgerichtet ist. Es ist ein Irrglaube, dass es einen ausschließlich rational handelnden und denkenden Menschen gibt. Selten entscheiden Menschen rein rational. Entscheidungen werden von Emotionen, Gewohnheiten, kulturellen und sozialen Präferenzen geprägt. Außerdem ist der Mensch durch sein direktes Umfeld beeinflussbar. Selbst nach der Finanzkrise halten Unternehmensführer an den vereinfachten Annahmen hartnäckig fest. Wiederholt habe ich erlebt, dass Krisen vorausgeahnt wurden, die Betroffenen tatenlos blieben und am Ende überrascht über deren Ausmaß waren. Viele Modelle schlossen sogar eine Krise dieses Ausmaßes von vorneherein aus.

Mit dem berechenbaren Homo oeconomicus lassen sich präzise und zugleich einfache Modelle zur Funktionsweise von Märkten und Wirtschaftssystemen konstruieren. Auf Basis dieser Modelle lassen sich messbare Unternehmenserfolge ableiten, die über Jahrzehnte zu einer Fixierung auf Unternehmenskennzahlen geführt haben. Emotionen sind nicht als Nutzen vorgesehen, zudem sind sie weder messbar noch kontrollierbar. Unternehmen sind jedoch voll von Emotionen, bisher ist mir keine Funktion bekannt, die das limbische System ausschaltet. Somit bleibt Unternehmen lediglich die Wahl zwischen unterdrückter Wut und lähmender Angst, als Folge übersteigerter Selbstkontrolle oder dem Erkennen des emotionalen Potenzials. Die Gegenüberstellung von Rationalität und Emotionalität ist eine Denkfalle. Das Gegenteil von rational ist irrational. Es gibt keine Kopfmenschen, jeder Mensch hat Gefühle. Die Intensität des emotionalen Ausdrucks variiert. Menschen können durchaus rational/leidenschaftlich argumentieren, ebenso können sie sich emotional/irrational verhalten.

Scheitern am Idealbild

Das Selbstbild entscheidet über das Selbstwertgefühl, ein negatives Selbstbild hat Auswirkungen auf das Selbstvertrauen. Dadurch fühlt man sich unsicher und ist im Umgang mit anderen gehemmt, was auf Dauer zu seelischen Problemen führt. Jeder Mensch hat ein Selbstbild von sich, seinen Persönlichkeitseigenschaften, seinen Stärken und Schwächen. Vor allem Erlebnisse, Fehler, Verletzungen und Erfahrungen, die in den ersten Lebensjahren gemacht wurden, prägen das Selbstbild. Es ist der kindlichen Abhängigkeit geschuldet, dass man sehr empfänglich für die Meinung anderer ist. Kinder lernen sich selbst über die Augen anderer kennen, indem sie darauf achten, wie Menschen mit ihnen in Interaktion treten und diese Signale dann unterschiedlich interpretieren. Das wiederum beeinflusst die Selbstwahrnehmung, die ein Teil des Selbstbildes ist. Zudem misst sich das Selbstbild am Idealbild, resultierend aus der Vorstellung, wie man gerne wäre und den Erwartungen, wie man sein sollte. Selbstbild und Idealbild werden zum Selbstkonzept zusammengefasst.

Fassadengesellschaft

Immer mehr Menschen leiden unter einem geringen Selbstwertgefühl, das aus einem verzerrten Selbstkonzept resultiert. Sie ordnen sich den ultimativen Gesellschaftsidealen unter und scheitern an ihren überhöhten Selbstansprüchen. Begünstigt durch das wirtschaftliche Menschenbild ist für Außenstehende oftmals nicht ersichtlich, was sich tatsächlich hinter der perfekt inszenierten Fassade abspielt.

Ein kräftezehrender Akt, der das Wohlbefinden, die Motivation und die menschliche Leistungsfähigkeit beeinflusst. Von der Selbstverleugnung bis zur Depression ist es nicht weit. Resultierend aus dem wirtschaftlichen Selbstverständnis vom Mitarbeiter als reinem Produktionsfaktor und jahrzehntelanger Überrationalisierung, ist in den letzten 40 Jahren der relative Anteil psychischer Erkrankungen am Arbeitsunfähigkeitsgeschehen in Deutschland von 2% auf 16,6% gestiegen. Die Folgen sind nicht nur für die Erkrankten und ihre Angehörigen beträchtlich, sondern auch für Unternehmen und die Volkswirtschaft.

Einstellungswandel – der Eisberg im Kopf!

Unternehmen, die wettbewerbsfähig bleiben wollen, müssen drastisch umdenken. Aus eigener Erfahrung weiß ich, dass es vor allem Mut braucht, um scheinbar Bewährtes über Bord zu werfen und sich komplett neu auszurichten. Gewinnmaximierung ist ein Konzept, das auf dem Mangel basiert und sowohl Mensch als auch Umwelt ausbeutet. Ein Unternehmen nach dem Unternehmenszeck auszurichten, bedarf einer Haltung aus der Fülle heraus. Fülle ist ein tiefsitzendes Gefühl. Wäre das Bewusstsein in Unternehmen gegenwärtig, würde man achtsamer mit Menschen und mit der Umwelt umgehen und vor allem würde man sich die Frage stellen, wie viel Profit tatsächlich notwendig ist und wie man gesellschaftlich mehr Verantwortung übernehmen kann. An dieser Stelle muss ein komplettes Umdenken auf den Führungsetagen stattfinden und Rahmenbedingungen geschaffen werden, in denen alle Betroffene automatisch zu neuen Denk- und Verhaltensweisen kommen. Vor Jahren klang das noch utopisch, mittlerweile arbeiten wir an einer digitalen Lösung, die genau das ermöglicht. Der Mensch sollte sich im Wandel auf das konzentrieren, was er am besten kann: Mensch sein. Denn das, was ihn von Maschinen unterscheidet, ist die Fähigkeit, in die Zukunft zu denken sowie der Gebrauch seiner sozioemotionalen Kompetenzen. Es braucht innere Orientierung, Vertrauen und menschlichen Zusammenhalt, um durch einen Wandel dieses Ausmaßes zu führen und zu begleiten.

Das persönliche Leitbild

Ein Leitbild macht Sinn, weil es innere Klarheit schafft und Orientierung gibt. Jeder Mensch hat seine eigenen Werte, Bedürfnisse und Vorstellungen, deshalb ist die Erarbeitung eines Leitbildes auch immer eine sehr persönliche Angelegenheit. Die Erarbeitung eines persönlichen Leitbildes ist für jeden sinnvoll, um die berufliche Laufbahn selbstbestimmter zu gestalten. Im Bewerbungsgespräch kann man die Unternehmensführung oder verantwortliche Führungskraft nach dem unternehmensspezifischen Führungsleitbild befragen. Führungskräfte, die ihre Mitarbeiter in der persönlichen Entwicklung fördern, kennen das Führungsleitbild und handeln auch danach.

Das Leitbild setzt sich aus bereits gemachten Erfahrungen, den persönlichen Werten, den eigenen Grundsätzen und der Wirkung, die man hinterlassen will, zusammen. Es gibt keinen richtigen oder falschen Weg, um ein persönliches Leitbild zu entwickeln. Auf den nachfolgenden Seiten ist eine Anleitung, die für jeden Berufstätigen geeignet ist. Man kann die Führungsperspektive durch die persönliche Perspektive verändern.

GEWINNMAXIMIERUNG
UNTERNEHMENSZWECK
HIERARCHIE
NETZWERK
EINSTELLUNGSWANDEL
KONTROLLE
BEFÄHIGUNG
PLANEN
EXPERIMENTIEREN
ROLLE
MENSCH

REFLEXION

Warum wollen Sie führen? Was ist Ihnen so wichtig daran?

Wie würden Sie reagieren, wenn Sie einen Vorgesetzten hätten, der so ist wie Sie?

Wie führen Sie ihre Mitarbeiter und wollen Sie selbst auch so geführt werden?

REFLEXION

Wo liegt Ihr Fokus im Rahmen Ihrer Führungstätigkeit? Auf dem Einzelnen und / oder bei Ihnen? Nehmen Sie eine prozentuale Einschätzung vor!

Wie wirkt sich Ihr Führungsverhalten auf Ihre Mitarbeiter aus? Versetzen Sie sich in Ihre Mitarbeiter und notieren Sie ein paar Stichpunkte aus deren Sicht.

Wie war Ihre Arbeitsverteilung in den letzten zwei Wochen. Teilen Sie 100% auf die nachfolgenden vier Kategorien auf.

Mitarbeiterführung ____

Projektarbeit ____

Administrative Tätigkeit ____

Tagesgeschäft ____

VORSTELLUNGSKRAFT

Stellen Sie sich vor, Sie haben Ihr 20-jähriges Firmenjubiläum. Ihre Mitarbeiter organisieren Ihnen zu Ehren eine Feier. Jemand aus ihrem Team geht auf die Bühne und hält eine flammende Rede über Sie. Formulieren Sie die Rede schriftlich aus.

Was wird der Mitarbeiter über Sie sagen? Wofür stehen Sie?

Was haben Sie bei Ihren Mitarbeitern bewirkt? Und was für Ihre Kunden und das Unternehmen?

Was macht Sie so besonders? Was können Sie, was kein anderer kann?

REFLEXION

Wenn Sie die Rede verfasst haben, überlegen Sie, inwieweit Sie die Aussagen heute schon leben. Machen Sie ihre Aussagen anhand von mindestens zwei konkreten Situationen fest.

An welchen Stellen entspricht Ihr Verhalten noch nicht ganz den Aussagen. Erarbeiten Sie konkrete Maßnahmen, um sich Ihrer Vorstellung zu nähern. Achten Sie darauf, dass die Vorstellungen realistisch und erreichbar sind.

WERTE GEBEN ORIENTIERUNG

Wertekonform zu leben, führt zu einem Gefühl persönlicher Zufriedenheit und Ganzheitlichkeit. Werte sind ganz persönliche Orientierungsprinzipien, ein innerer Kompass, der richtungsweisend ist. Sie werden durch die Bezugspersonen, das soziale Umfeld, die Gesellschaft und die persönliche Lebenserfahrung geprägt. Werte sind individuelle Wahrnehmungsfilter, die bewusst oder unbewusst das Denken, Erleben und Verhalten beeinflussen.

Sämtliche Bewertungen erfolgen auf der Basis persönlicher Werte, sie dienen als Kriterium zur Auswahl oder Bewertung von Strategien, Menschen oder Ereignissen. Sie sind relativ stabil, jedoch können sich die Prioritäten im Laufe der Zeit durch äußere Einflüsse verändern. Werte stehen in engem Bezug zu den persönlichen Überzeugungen und Einstellungen, sie sind hierarchisch nach ihrer Wichtigkeit für die jeweilige Person angeordnet.

N
W
O
S

MEINE WERTE

Welche Werte sind Ihnen im beruflichen Kontext wichtig? Wählen Sie aus der folgenden Werteliste möglichst spontan und intuitiv Werte aus. Nehmen Sie sich ausgiebig Zeit und Ruhe für diese Übung. Notieren Sie anschließend Ihre Auswahl in die leeren Farbkleckse und kennzeichnen Sie Werte, bei denen Sie eine besonders starke Zustimmung empfinden.

WERTE – ANALYSE

Sie haben eine Auswahl an Werten getroffen. Häufig schreiben sich Menschen gesellschaftlich anerkannte Werte zu oder Werte, von denen sie glauben, sie seien wichtig. Um das auszuschließen, gehen Sie jeden einzelnen Wert gedanklich noch einmal durch und überprüfen Sie, woran Sie festmachen, dass der Wert Ihnen wichtig ist. Belegen Sie Ihre Einschätzung mit bereits gemachten Erfahrungen.

ABENTEUER
ABWECHSLUNG
ANERKENNUNG
ARBEIT
ÄSTHETIK
AUSSEHEN
BEGEGNUNG
BALANCE
BEGEISTERUNG
BEKANNTHEIT
BEWEGUNG

BEWUSSTHEIT
BEZIEHUNGEN
DISZIPLIN
ECHTHEIT
EFFEKTIVITÄT
EHRLICHKEIT
EINFACHHEIT
EINFLUSS
ENTSPANNUNG
ENTWICKLUNG
ERFOLG

FAMILIE
FREIHEIT
FREUDE
FREUNDSCHAFT
FÜLLE
GEDANKENFREIHEIT
GELASSENHEIT
GEMEINSCHAFT
GENAUIGKEIT
GENUSS
GERECHTIGKEIT

GESUNDHEIT
GLAUBE
GROßZÜGIGKEIT
HARMONIE
HUMOR
INTEGRITÄT
INTELLIGENZ
KREATIVITÄT
LEBENDIGKEIT
LEBENSFREUDE

LEBENSQUALITÄT
LEBENSSTANDARD
LEICHTIGKEIT
LEISTUNG
LERNEN
LIEBE
LOYALITÄT
MACHT
MORAL
MUT
NÄCHSTENLIEBE
NATURVERBUNDENHEIT

OFFENHEIT
OPTIMISMUS
ORDNUNG
PARTNERSCHAFT
PHANTASIE
PRÄZISION
QUALITÄT
REICHTUM
REIFE
REISEN
RISIKOBEREITSCHAFT

RUHE
SELBSTÄNDIGKEIT
SELBSTBESTIMMUNG
SELBSTERKENNTNIS
SELBSTGENÜGSAMKEIT
SELBSTVERWIRKLICHUNG
SELBSTWERT
SICHERHEIT
SINN
SPONTANEITÄT
SPORT

TOLERANZ
UNABHÄNGIGKEIT
VERBUNDENHEIT
VERANTWORTLICHKEIT
VERTRAUEN
WAHRHEIT
WEISHEIT
WERTSCHÄTZUNG
WISSEN
WOHLBEFINDEN
WOHLSTAND
ZUFRIEDENHEIT

WERTE UND GRUNDBEDÜRFNISSE

Finden Sie heraus, welchem psychologischen Grundbedürfnis Ihre Werte entspringen. Ordnen Sie Ihre ausgewählten Werte den Grundbedürfnissen zu. Kreativität gehört zu Lustgewinn; Vertrauen zu Kontrolle. Falls Sie sich bei der Zuordnung unsicher sind, wiederholen Sie die Inhalte aus Kapitel 3 „Die psychologischen Grundbedürfnisse nach Grawe."

Andere miteinbeziehen und gemeinsam etwas schaffen

Dinge tun, die Freude bereiten, seine Stärken einbringen.

Der Wunsch nach Anerkennung; einen Beitrag leisten.

Der Wunsch nach Sicherheit und Stabilität.

Dinge verstehen, neue Impulse geben und Einfluss nehmen.

MEINE BIG FIVE

Welche Werte sind für Sie im beruflichen Kontext besonders wichtig? Vergleichen Sie Ihre Werte der Reihe nach miteinander. Entscheiden Sie sich für fünf Werte und tragen Sie die Werte in der nachfolgenden Reflexion, in die dafür vorgesehenen Farbkleckse, ein.

Schreiben Sie für jeden Wert mindestens drei Beispiele auf, um Ihre Werte mit konkreten Verhaltensweisen zu unterstützen. Für den Wert Respekt würde das Verhalten wie folgt lauten: „Ich respektiere andere Meinungen und kann sie unkommentiert stehen lassen."

MISSION STATEMENT

Ihr Mission Statement beschreibt, was Sie als Führungskraft jetzt tun, um Ihr Führungsziel zu erreichen. Es geht dabei um die Frage nach dem Sinn Ihrer Arbeit und Ihrem individuellen Antrieb. Ihr Leitbild ist eine Art persönliche Leitplanke, die Sie immer wieder daran erinnern soll, wofür Sie tun, was Sie tun.

Mit dem Ziel, ein persönliches Führungsmotto zu entwickeln, beantworten Sie bitte spontan und intuitiv nachfolgende Punkte in Form von Stichpunkten.

Was treibt Sie an?

Worauf kommt es Ihnen wirklich an?

Was wollen Sie als übergeordnetes Ziel erreichen?

_ _

_ _

_ _

Wofür wollen Sie wahrgenommen werden?

_ _

_ _

_ _

Fügen Sie Ihre wichtigsten Aussagen in einem aussagekräftigen Satz zusammen. Wenn es nicht sofort gelingt, lassen Sie sich Zeit. Halten Sie sich kurz, formulieren Sie den Satz so konkret wie möglich, nutzen Sie positive Formulierungen und verwenden Sie die Ich - Form. Behalten Sie Ihre Ausarbeitung im Hinterkopf. Erfahrungsgemäß sprießen die Ideen in einem entspannten Zustand. Ihr Führungsleitbild ist nicht in Stein gemeißelt, es kann sich im Laufe der Zeit entwickeln.

FAZIT

Angesichts der komplexen Herausforderungen, vor denen die Wirtschaft steht, wächst der Bedarf an externer, professioneller Begleitung im Wandel. Das lockte gerade in den vergangenen drei Jahren immer mehr Berater und Coaches und solche, die es werden wollen, auf den Markt. Jeder will gefühlt einen Beitrag leisten und Unternehmen fit für die Zukunft machen. Hier ist bereits die erste Hürde: Wer noch nie geführt hat oder selbstständig unternehmerisch tätig war, wird der Aufgabe zukünftig nicht mehr gerecht werden. Wer selbst keine eigenen Erfahrungswerte hat, produziert nur heiße Luft. Wenn Worte nur leere Hüllenbegriffe sind, um einen Mangel an Ideen oder im schlimmsten Fall mangelnde Kompetenzen zu überspielen, wird es für alle Beteiligten gefährlich. Der Anspruch an Beratung und Coaching hat sich gewandelt und wird sich noch weiter verändern, mit alten Regeln wird man kein neues Spiel gewinnen. Vertrauen gewinnt aus betriebswirtschaftlicher Perspektive zunehmend an Bedeutung. Selbstvertrauen ist ein entscheidender Faktor für den ökonomischen Erfolg, die Unternehmenskultur, die Einstellung, das Verhalten der Mitarbeiter und nicht zuletzt die positive Wahrnehmung von Führungskräften. Um Vertrauen erklärbar und anwendbar zu machen, müssen die Wirtschaftswissenschaften auf Nachbardisziplinen wie die Soziologie und Psychologie zurückgreifen.

Wenn Sie einen aussagekräftigen Satz haben, den Sie als würdig erachten, Ihr persönliches Leitbild zu repräsentieren, dann tragen Sie diesen in Ihr Führungswappen ein. Genießen Sie den Moment, Sie haben sich das redlich verdient.

MEINE LIEBELINGSWERKE

An dieser Stelle gebührt mein Respekt den genialen Forschern, die mich in meiner Arbeit inspiriert haben. Meine Lieblingswerke will ich an dieser Stelle nicht unerwähnt lassen.

Albert Bandura: *Self Efficacy: The Exercise of Control*

Albert Ellis: *Training der Gefühle: Wie Sie sich hartnäckig weigern, unglücklich zu sein; Vernunft und Emotion*

Antonio Damasio: *Der Spinoza - Effekt: Wie Gefühle unser Leben bestimmen; Descartes Irrtum*

Harvard Business Review (2016) The 30 Elements of Consumer Value

Ian Stewart: *Die Transaktionsanalyse*

Klaus Grawe: *Neuropsychotherapie*

Maja Storch: *Embodied Communication: Kommunikation beginnt im Körper, nicht im Kopf*

Manfred Gührs und Claus Nowak: *Das konstruktive Gespräch*

Remo Largo: *Das passende Leben*

Richard Gerrig und Philip Zimbardo: *Psychologie*

Rita Carter: *Das Gehirn: Anatomie, Sinneswahrnehmung, Gedächtnis, Bewusstsein, Störungen*

Rudolf Steiger: *Menschenorientierte Führung: 22 Thesen für den Führungsalltag*

Thomas Harris: *Ich bin o.k. Du bist o.k.*

Wolfgang Tschacher: *Embodiment*

Amel Lariani

Als Tochter nordafrikanischer Eltern bin ich zwischen zwei Kulturen aufgewachsen, jedoch fühlte ich mich lange Zeit keiner richtig zugehörig. Ich habe mich bereits sehr früh mit dem Thema Identität auseinandergesetzt, wobei vor allem der berufliche Kontext für meine persönliche Entwicklung wegweisend war. Erstmalig durfte ich erfahren, dass jemand an mich glaubt und etwas in mir sieht, was ich selbst nicht sehen konnte. Meine persönliche Entwicklung wurde angetrieben und dank meiner beruflichen Laufbahn konnte ich mehr und mehr zu mir selbst finden. Daraus ist die Leidenschaft entstanden, andere Menschen in ihrer Entwicklung gezielt zu fördern und unterstützende Rahmenbedingungen in Unternehmen zu schaffen. Aus dem tiefen Antrieb heraus, Menschen zu zeigen, dass Entwicklung leicht und vor allem schnell geht, habe ich aus meiner Forschung eine beschleunigte Vorgehensweise entwickelt. Natürlich hat es mir der berufliche Kontext, aufgrund meiner eigenen Geschichte, besonders angetan. Kein Kontext bietet ähnliche Möglichkeiten, um sich gezielt weiterzuentwickeln. Meine größte Stärke ist das Vertrauen in mich und meine Fähigkeit, mit allem umgehen zu können, was kommt. Dieses Selbstvertrauen ist das Fundament, auf dem ich neue Wege gehe, die Spielregeln verändere und Menschen ermutige, es mir gleichzutun. Ich bin Verfechterin eines humanistischen Menschenbildes und setze mich dafür ein, die Ordnung zwischen Mensch, Umwelt und Maschine wiederherzustellen.

Hannah Marc

In Uganda geboren und Süddeutschland aufgewachsen, habe ich seit früher Kindheit eine ganz besondere Beziehung zur Farbe. Mein inneres Kind, das die Wände mit bunter Farbe bekritzelt hat, konnte ich in diesem illustrierten Workbook von der Leine lassen. Meine Vorliebe für Illustrationen hat sich zunehmend über mehrere Projekte aus dem Modedesign heraus entwickelt. Es ist mir ein Herzensanliegen, durch Farbe und eklektische Illustrationen die Welt ein bisschen bunter und fröhlicher zu gestalten. Ein Businessbuch so farbenfroh zu gestalten, hat mir besondere Freude bereitet, denn die Berufswelt hat dringend ein bisschen Farbe nötig.